Los acúfenos

Pedro Cobo Parra y María Cuesta Ruiz

Catálogo de publicaciones de la Administración General del Estado:
https://cpage.mpr.gob.es

isbn (csic): 978-84-00-11335-3
isbn electrónico (csic): 978-84-00-11336-0
isbn (catarata): 978-84-1067-122-5
isbn electrónico (catarata): 978-84-1067-136-2
nipo: 155-24-192-0
nipo electrónico: 155-24-193-6
depósito legal: M-22.198-2024
thema: PDZ/MJPD

Índice

Introducción

Los acúfenos son sonidos percibidos que no han sido generados en ninguna fuente externa al sistema auditivo. Hay muchas personas que experimentan este tipo de sonidos, aunque la mayoría se habitúan a ellos y no producen mayores efectos más allá de una ligera molestia. En un porcentaje bajo, sin embargo, los acúfenos producen efectos emocionales negativos, como estrés, ansiedad o depresión, convirtiéndose en un serio problema de salud que requiere atención especializada.

Algunos acúfenos pueden ser atribuidos a fuentes internas, tales como el flujo sanguíneo o la contracción de algunos músculos. Estos acúfenos se denominan objetivos o somatosonidos. Cuando el origen es vascular, se percibe la pulsación del corazón superpuesta al ruido, por lo que también se denominan acúfenos pulsátiles. Estos se pueden producir por malformaciones arteriovenosas, arterioesclerosis de la carótida, trombosis del seno, hipertensión intracraneal, tumores del glomus, etc. En general, cuando se resuelve el problema que está generando este tipo de acúfeno, por ejemplo, mediante cirugía, el sonido desaparece.

Cuando no se puede identificar la fuente que los origina, se denominan acúfenos subjetivos. Muchos autores no están satisfechos con esta definición, ya que el término subjetivo podría sugerir que el acúfeno que perciben no es real, es un sonido fantasma imaginado por la persona. Por ello proponen el uso de acúfenos primarios para este tipo de sonidos de origen subjetivo y secundarios para denominar a los acúfenos objetivos (De Ridder *et al.*, 2021).

En algunas personas el acúfeno desaparece espontáneamente después de algunos días. En muchas otras, no desaparece, pero no produce sufrimiento emocional. En algunas, en cambio, se hace permanente, con sufrimiento emocional, y deviene en acúfeno problema. Por todo esto, conviene esperar un tiempo, al menos tres meses, para diagnosticar un acúfeno problema. Se suele hablar entonces de acúfeno agudo o crónico en función de que su duración sea menor o mayor de tres meses, respectivamente.

Así pues, el acúfeno es una alteración del funcionamiento del sistema auditivo. Desde un punto de vista funcional, se pueden distinguir dos partes del sistema auditivo: la parte periférica (los oídos externo, medio e interno), donde el sonido es una vibración mecánica, y la parte neural, donde el sonido consiste en un tren de descargas eléctricas. Las dos características fundamentales del sonido, la frecuencia y la intensidad, se codifican en la interfaz entre las células ciliadas de la cóclea y el nervio auditivo. La frecuencia se codifica por la posición de la cóclea en la que se conectan las neuronas del nervio auditivo. Esta codificación espacial, este mapa de los tonos, se denomina tonotopía. Por tanto, cada grupo de neuronas del nervio auditivo transporta información de un grupo de frecuencias. La tasa de disparos, el número de impulsos por segundo, lleva la información de la intensidad del sonido a esa frecuencia. En el capítulo 1 se hará una descripción más completa del funcionamiento del sistema auditivo.

La red auditiva neural tiene cientos de miles de neuronas, cada una de ellas conectada a otras neuronas a través de unas 1000 sinapsis (Lerma, 2010). Los dos neurotransmisores que más intervienen en el transporte de estos impulsos eléctricos asociados al sonido son el glutamato y el NMDA (excitatorios) y el GABA (inhibitorio). En un sistema auditivo normal, esta compleja red neuronal funciona de una manera perfectamente regulada/sincronizada transportando estos pulsos eléctricos desde la interfaz con la parte periférica hasta la corteza auditiva, donde se produce la percepción del sonido.

El cerebro tiene una propiedad, denominada plasticidad, por la cual estas sinapsis pueden regenerarse o reconectarse en función, generalmente, de las actividades y experiencias. Pero también pueden desregularse para compensar algún déficit de funcionamiento de la parte periférica. Existe evidencia de modelos animales que demuestra que el acúfeno se produce precisamente en la vía neural por estos mecanismos aberrantes de compensación plástica ante problemas de funcionamiento en la parte periférica (figura 1). En general, esta descompensación se produce por un incremento de actividad excitatoria (glutamato) frente a la inhibitoria (GABA). Se produce, por tanto, un exceso neto de tasa de disparos a algunas frecuencias, dando lugar a un incremento aberrante de la intensidad del sonido, un acúfeno.

Figura 1

Generación de acúfenos por un mecanismo de plasticidad neural.

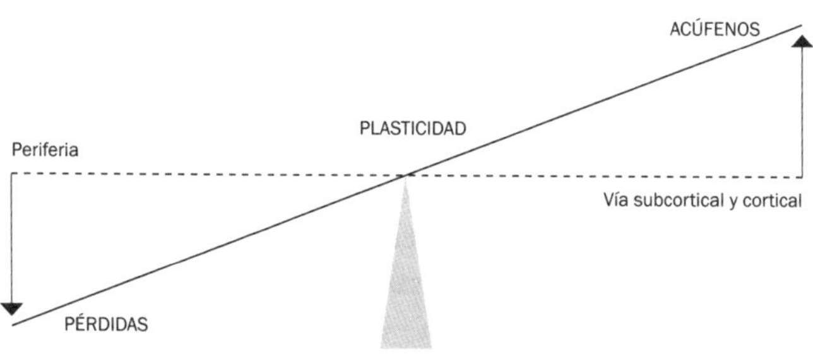

Fuente: Elaboración propia.

Una de las causas de déficit de funcionamiento periférico es la pérdida de audición. Por consiguiente, existe una relación muy estrecha entre la pérdida de audición y los acúfenos (Eggermont, 2012). Factores que contribuyen a la pérdida de audición, como el envejecimiento y la sobreexposición a ruido, son también factores de riesgo para los acúfenos (Knipper *et al.*, 2013). Estos mecanismos de generación del acúfeno se describirán más detalladamente en el capítulo 2.

Así pues, las pérdidas auditivas, tanto conductivas (del oído medio) como neurosensoriales (del oído interno), pueden causar acúfenos. Personas con otosclerosis, tubaritis, aplasia del oído externo o medio, pérdidas de audición, congénitas o adquiridas, progresivas o súbitas, pueden tener acúfenos. Pero, además, hay otras muchas causas que pueden originar acúfenos: trastornos vestibulares (enfermedad de Ménière, dehiscencia del conducto semicircular superior, laberintitis), migrañas, trastornos psiquiátricos (ansiedad, depresión, trastorno obsesivo-compulsivo, rumia mental), alteraciones en el cuello (cervicales) o temporomandibulares, y traumatismos (estrés postraumático, traumas en la cabeza, barotrauma). La etiología del acúfeno es multifactorial.

Los acúfenos tienen características muy heterogéneas (Cederroth *et al.*, 2019). Pueden producirse en uno de los oídos o en ambos. Pueden sonar como un tono o un ruido tipo grillo o lluvia fina, con una frecuencia baja, media o alta. También difieren mucho en su severidad. Dos personas con la misma causa (por ejemplo, con la misma pérdida auditiva) pueden responder de manera totalmente distinta al acúfeno. La vía auditiva, en su camino ascendente desde la periferia hasta la corteza auditiva, se conecta con la amígdala, al nivel del cerebro medio, uno de los componentes del sistema límbico, que es el responsable de la reacción emocional al acúfeno y, por tanto, de su severidad. Cuando la persona que experimenta este sonido neural incrementa de manera exacerbada esta conexión auditiva-emocional, el sufrimiento asociado al acúfeno crece y deviene en un problema de salud. Además, se suele producir un círculo vicioso entre el sonido aberrante y el sufrimiento emocional. El acúfeno incrementa el sufrimiento emocional, que a su vez incrementa el acúfeno, y así sucesivamente. En el capítulo 3 se analizarán con más profundidad estas características del acúfeno.

Una complejidad adicional de los acúfenos es que, a día de hoy, no existen técnicas objetivas para su diagnóstico. No existe un biomarcador que nos diga, con una prueba sencilla, donde se ha generado el acúfeno. Aunque se han publicado resultados de investigación que usan técnicas electroencefalográficas (EEG) (Piarulli *et al.*, 2023) para diferenciar personas con acúfeno y sin él, estas no están todavía suficientemente maduras como para poder ser aplicadas de forma regular en la práctica clínica. Por tanto, se confía en la intervención del paciente para el diagnóstico subjetivo del acúfeno. Se pueden usar instrumentos calibrados para generar sonidos de frecuencia, ancho de banda e intensidad variable para ajustar perceptivamente el acúfeno del sujeto (acufenometría). Habitualmente, se usan cuestionarios estandarizados para estimar el sufrimiento emocional asociado al acúfeno. La puntuación obtenida en estos cuestionarios permite clasificar el acúfeno en diferentes grados o escalas de severidad. Estos procedimientos de evaluación del acúfeno se describirán en el capítulo 4.

Algunos laboratorios farmacéuticos han tratado de encontrar un medicamento que cure el acúfeno investigando el efecto de la descompensación entre los neurotransmisores excitatorios/inhibitorios en su generación (Salvi, Lobarinas y Sun, 2009). A día de hoy, estas investigaciones no han tenido éxito, por lo que no existe ningún fármaco, aprobado por alguna agencia del medicamento, para la cura del acúfeno. Afortunadamente, existen muchos tratamientos para la reducción del sufrimiento emocional asociado al acúfeno. Muchos de estos están basados en el modelo neurofisiológico de Jastreboff (2015) y combinan el consejo terapéutico con terapias sonoras. Dos de estos tratamientos, la terapia de reentrenamiento del acúfeno (TRT), propuesta por Jastreboff (2015), y la de ambiente acústico enriquecido (EAE), propuesta por nosotros (Cobo, Cuesta y Colina, 2021), se describirán en el capítulo 5.

CAPÍTULO 1

El sistema auditivo

El sonido es una onda de presión cuyas características fundamentales son la amplitud y la frecuencia (Cobo y Cuesta, 2018). La amplitud se mide a través del nivel de presión sonora. Las frecuencias de vibración más lentas dan lugar a sonidos graves y las más rápidas a sonidos agudos. El sistema auditivo capta el sonido en la periferia del oído y lo codifica en una secuencia de descargas eléctricas en la vía neural que el cerebro decodifica e interpreta. Las vibraciones de las partículas de aire en el conducto auditivo alcanzan el tímpano, que transmite esta vibración a la cadena de huesecillos (martillo, yunque y estribo) del oído medio. Las vibraciones de la cadena osicular se transfieren entonces al oído interno.

La cóclea, un tubo en el oído interno en forma de espiral lleno de fluido que contiene la membrana basilar, convierte esta oscilación mecánica en un tren de impulsos eléctricos. Las células sensoriales, o células ciliadas, de la cóclea se asientan sobre la membrana basilar. La vibración correspondiente a cada frecuencia del sonido se localiza en una zona distinta de dicha membrana, lo que permite al oído percibir todo el espectro de frecuencias. Las células ciliadas localizadas en la base, o región inferior, se mueven a frecuencias altas, mientras que las células ciliadas del ápex responden a las frecuencias bajas.

El movimiento relativo de las membranas basilar y tectorial pone en movimiento los estereocilios de la superficie de las células ciliadas. Estos movimientos despolarizan las células ciliadas generando impulsos eléctricos que se transmiten a través de la vía auditiva y alcanzan la corteza auditiva. La decodificación de esta secuencia de impulsos eléctricos en la corteza auditiva da lugar a la percepción del sonido.

Así pues, los mecanismos involucrados en la audición son puramente conductivos en los oídos externo y medio, de análisis de frecuencias en el oído interno, neurosensoriales en la conexión del oído interno con el nervio auditivo y de procesado de señales en la vía auditiva. La percepción del sonido se produce finalmente en la corteza auditiva. En este proceso existen diferentes factores que pueden provocar pérdidas auditivas (HL) (tabla 1).

Tabla 1

Mecanismos de la audición y tipos de disfunciones auditivas.

CONDUCTIVOS		NEUROSENSORIALES	SUBCORTICALES		CORTICALES
Oído externo	Oído medio	Oído interno	Nervio auditivo	Vía auditiva	Corteza auditiva
• Pabellón auditivo • Conducto auditivo	• Tímpano • Cadena osicular	• Ventana oval • Ventana redonda • Cóclea	• Sinapsis células ciliadas • Ganglio espiral	• Núcleo coclear • Complejo olivar • Lemnisco lateral • Colículo inferior • Cuerpo geniculado medial	• Área auditiva AI • Área auditiva AII
HL conductiva		HL neurosensorial	HL retrococlear	APD	
Disfunciones auditivas					

Fuente: Elaboración propia.

La pérdida auditiva puede variar desde una pérdida leve (entre 25 y 40 dB), moderada (entre 41 y 55 dB), moderadamente severa (entre 56 y 70 dB), severa (entre 71 y 90 dB), hasta profunda (más de 91 dB). Las pérdidas de audición asociadas a disfunciones de los oídos externo y medio se denominan pérdidas conductivas; las localizadas en el oído interno, pérdidas neurosensoriales y las que involucran al nervio auditivo, pérdidas retrococleares. Las disfunciones originadas en la vía auditiva se denominan alteraciones del procesado auditivo (APD).

El sistema auditivo periférico

El oído externo consta de la oreja, o aurícula, y del canal auditivo, un tubo con unas dimensiones aproximadas de 7 mm de diámetro medio y 25 mm de largo, cerrado en su extremo interior por la membrana timpánica. Las vibraciones de las partículas de aire en el conducto auditivo dan lugar a ondas estacionarias con una frecuencia de resonancia de 3400 Hz. El oído externo sirve para seleccionar y amplificar las ondas de presión a la entrada del sistema auditivo (Durrant y Lovrinic, 1984).

La cadena osicular del oído medio conecta la membrana timpánica con la ventana oval de la cóclea. La función principal del oído medio es producir una adaptación de impedancias y una ganancia de presión. La discontinuidad de impedancias entre dos medios hace que una parte de la energía se refleje y otra parte se transmita al otro lado. Como la impedancia acústica del oído externo es mucho menor que la del fluido en el interior de la cóclea, si no existiera el oído medio, la mayor parte de la energía de la onda sonora se reflejaría hacia atrás y solo se transmitiría una parte ínfima al oído interno. En el caso del oído humano, esta adaptación de impedancias proporciona una trasmisión aproximada del 60% de la energía del sonido.

El oído interno está integrado dentro del laberinto, una estructura que contiene además el sistema vestibular (los canales semicirculares). La cóclea consiste en una estructura en forma de espiral, similar a un caracol, de unos 35 mm de longitud distribuidos en casi tres vueltas. Una sección transversal de la cóclea (figura 2) muestra que está compartimentada en tres rampas o escalas, la superior (o vestibular), la media (o canal coclear) y la inferior (o timpánica).

FIGURA 2

Corte transversal del conducto de la cóclea.

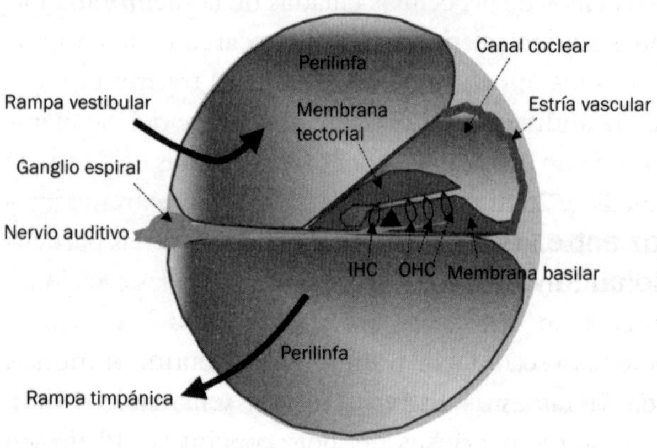

FUENTE: ELABORACIÓN PROPIA.

Las escalas media e inferior están separadas por la membrana basilar. Sobre la membrana basilar, de unos 35 mm de longitud media, se ubica el órgano de Corti y a modo de cubierta sobre él, se encuentra la membrana tectorial. El fluido perilinfático rellena las rampas vestibular y timpánica, conectadas en el extremo de la cóclea por el helicotrema. El fluido endolinfático rellena la escala media. El estribo conecta con la rampa vestibular a través de la ventana oval. La rampa timpánica finaliza en la ventana redonda. La membrana basilar, que separa ambas rampas, es más ancha en la base que en el extremo.

El órgano de Corti contiene tres hileras de células ciliadas externas (OHC) y una hilera de células ciliadas internas (IHC). En el sistema auditivo humano existen unas 10 000-13 000 OHC y unas 3400-4000 IHC. En la parte superior de las células ciliadas sobresalen los estereocilios, una especie de pelillos de altura irregular. Las células ciliadas se conectan en su base con las neuronas del nervio auditivo a través de sinapsis.

La vibración transmitida al oído interno a través de la ventana oval provoca el movimiento relativo entre las membranas tectorial y basilar, el cual desencadena el movimiento de los estereocilios de las células ciliadas de la membrana basilar, despolarizándolas e iniciando la descarga de los impulsos eléctricos (los impulsos neurales) que se trasmitirán a lo largo de la vía auditiva.

La interfaz entre las células ciliadas y el nervio auditivo

Las vibraciones se convierten en la secuencia de impulsos neurales en las sinapsis entre las células ciliadas del oído interno y las fibras nerviosas del nervio auditivo. El nervio auditivo es un manojo de unas 30 000-40 000 fibras nerviosas que transporta los impulsos neurales desde la cóclea hasta la vía auditiva. Hay dos tipos de fibras auditivas: las fibras tipo I y las fibras tipo II. El 90-95% de las fibras son del tipo I e inervan las IHC. El 5-10% de las fibras son del tipo II y conectan con las OHC. Un cierto número de fibras tipo I (entre 10 y 20) se conectan con una única IHC, mientras que una sola fibra tipo II inerva a varias (entre 10 y 30) OHC (figura 3). Las fibras auditivas son bipolares, con una dendrita conectada a la célula ciliada y un axón que conduce la información al siguiente núcleo en la vía auditiva, el núcleo coclear.

Figura 3

Patrones de inervación de las neuronas auditivas tipos I y II con las IHC y OHC, respectivamente.

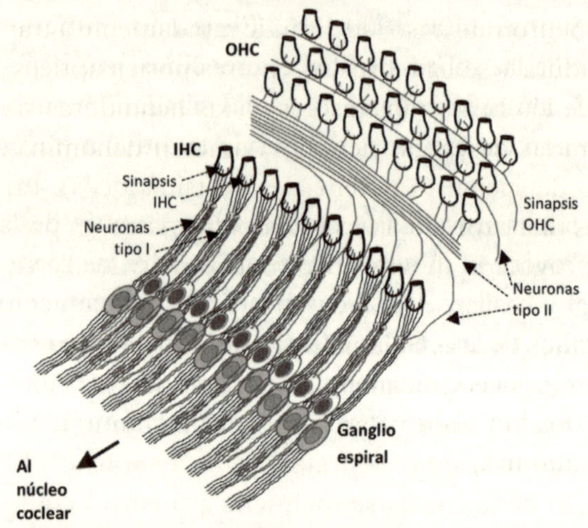

Fuente: Modificada a partir de la figura 3 de Liberman (2017).

Los neurotransmisores, unas moléculas simples sintetizadas por enzimas almacenadas en las vesículas sinápticas, juegan un papel fundamental en la transducción (o conversión) de la vibración mecánica de la membrana basilar en impulsos eléctricos. En general, la mayor parte de las sinapsis excitatorias auditivas usan el ácido glutámico (presináptico) y el NMDA (postsináptico) como agente neurotransmisor, mientras que las inhibitorias utilizan el GABA (Lerma, 2010). Estos neurotransmisores son aminoácidos bastante parecidos entre sí. Al contrario que el GABA, el ácido glutámico es un aminoácido esencial que forma parte de las proteínas y, por tanto, es muy abundante en la sangre y en las células. El ácido glutámico es responsable de la sensación placentera que nos producen ciertos alimentos al estimular unos receptores que se encuentran en las papilas gustativas.

La conexión entre una célula ciliada y la dendrita de una neurona auditiva se realiza a través de la hendidura sináptica.

Cuando se despolariza la membrana presináptica en respuesta al estímulo auditivo, se abren los canales dependientes del calcio, permitiendo la entrada de iones de calcio en el interior de la célula. El neurotransmisor se difunde rápidamente a través de la hendidura y se liga a sus receptores postsinápticos. La liberación de los neurotransmisores en las hendiduras sinápticas dispara las descargas neurales, también denominadas potenciales de acción (o potenciales postsinápticos). En realidad, esta es una explicación muy simplificada de un proceso altamente regulado descrito con mucho más detalle en Lerma (2010).

Las dos características esenciales del sonido, la frecuencia y la intensidad, se codifican en la interfaz entre las células ciliadas y el nervio auditivo en la organización tonotópica y en la tasa de descargas neurales, respectivamente. El mapa tonotópico de la cóclea se mantiene a través de toda la vía neural hasta la corteza auditiva. La codificación de la intensidad en la tasa de disparos de las descargas neuronales se explica en el esquema de la figura 4. La tasa de disparos crece con la intensidad del sonido según la curva mostrada en forma de S. Como se aprecia en esta figura, las neuronas auditivas disparan impulsos neurales entre una tasa mínima y otra máxima. Un sonido de intensidad baja da lugar a una tasa de disparos lenta, y a una intensidad alta las neuronas responden con una tasa de disparos rápida. Un punto muy relevante de esta curva es el correspondiente a la intensidad de 0 dB (silencio absoluto). Como se puede ver en la figura 4, la tasa de disparos correspondiente al silencio absoluto no es cero, por lo que también se conoce como tasa de disparos espontánea (SFR). Por tanto, aun en silencio absoluto, existe una actividad espontánea de las neuronas que no se percibe como un sonido porque está por debajo del umbral de la SFR. Como se verá en el capítulo 2, esta actividad espontánea juega un papel fundamental en la generación del acúfeno.

Figura 4

Esquema de (a) la codificación de la intensidad del sonido en la tasa de disparos de las fibras auditivas y (b) las secuencias de disparos neurales correspondientes.

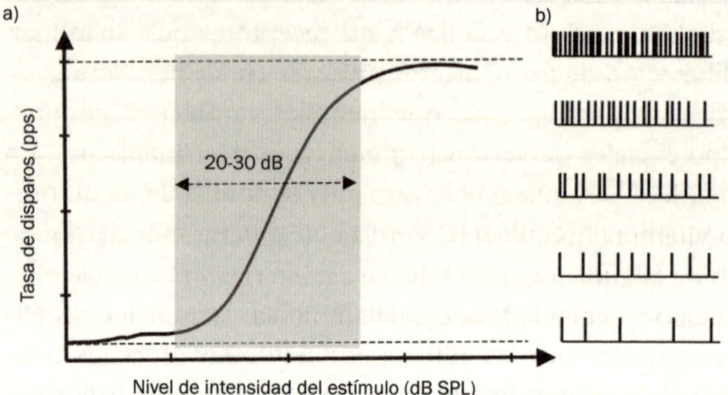

Fuente: Elaboración propia.

El funcionamiento combinado de las IHC y OHC contribuye también a la codificación de la intensidad. Como se puede ver en la figura 3, varias OHC se conectan a una misma neurona del nervio auditivo (patrón de inervación convergente), mientras que otras neuronas conectan con la misma IHC (patrón de inervación divergente). Según este esquema de inervación, las OHC contribuyen al análisis del sonido a niveles bajos de intensidad, mientras que las IHC están más especializadas en el análisis más fino del sonido.

El daño de las IHC compromete drásticamente la transducción coclear (conversión de la onda sonora en pulsos eléctricos) y las tasas de disparo de las fibras auditivas. Las fibras nerviosas aferentes que conectan las IHC (fibras tipo I) se clasifican de acuerdo con su SFR, tabla 2. Las fibras de alta tasa de disparos y umbral bajo, son más gruesas y más abundantes (60%), mientras que aquellas con tasa de disparos lenta y umbral alto son más finas y más escasas (40%) (figura 5). Aproximadamente el 95% de las fibras nerviosas son bipolares del tipo I, con núcleo en el ganglio espiral, un axón hacia las IHC y otro hacia el núcleo coclear.

Tabla 2

Algunas características de las fibras nerviosas tipo I.

	FIBRAS DE TASA RÁPIDA DE DISPAROS Y UMBRAL BAJO	FIBRAS DE TASA LENTA DE DISPAROS Y UMBRAL ALTO
Número	18 000 (60%)	12 000 (40%)
Morfología	Más gruesas	Más finas
SFR (pps)	≥18	0,5<SFR<18
Umbral (dB SPL)	0-20	20-40

Fuente: Elaboración propia.

Mientras que las IHC son las verdaderas células sensoriales de la audición, las OHC se caracterizan por su electromotilidad y tienen la función de amplificar las señales eléctricas disparadas por las IHC. Las OHC son cruciales para establecer la extraordinaria sensibilidad del órgano de Corti y para entender señales inmersas en un ambiente ruidoso. La sobreexposición a ruido intensa y prolongada en el tiempo puede dar lugar a la destrucción permanente de las OHC y, por tanto, a cambios permanentes de los umbrales de audición correspondientes o pérdida auditiva.

Figura 5

Esquema de las sinapsis entre una IHC y neuronas del nervio auditivo.

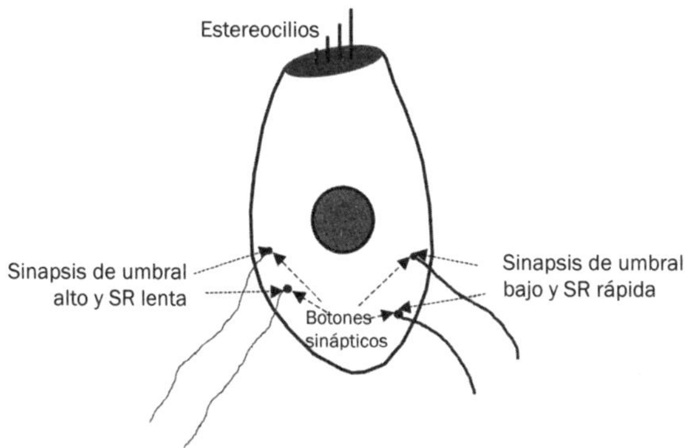

Fuente: Elaboración propia.

La vía auditiva

Los pulsos eléctricos generados en la interfaz entre las células ciliadas y el nervio auditivo se propagan hacia la corteza auditiva a través de la vía auditiva. Esta se compone de un complejo entramado de neuronas, con sus correspondientes conexiones sinápticas. Los núcleos de la vía auditiva desde el nervio auditivo, en orden ascendente, son:

- El núcleo coclear (dorsal y ventral).
- El complejo olivar superior (lateral y medial).
- El lemnisco lateral (ventral y dorsal).
- El colículo inferior (central y dorsal).
- El cuerpo geniculado medial.

Existen neuronas en la vía auditiva que transportan los impulsos eléctricos desde la periferia hasta la corteza auditiva, denominadas ascendentes o aferentes, y neuronas que conectan el cerebro con la periferia, denominadas descendentes o eferentes. Además, fundamentalmente en la vía aferente, hay conexiones entre un oído y la corteza auditiva del lado contrario, denominadas contralaterales, y conexiones entre un oído y la corteza del mismo lado, denominadas ipsilaterales. También existen múltiples conexiones a diferentes niveles de la vía auditiva entre las vías contra- e ipsilateral.

El sistema auditivo central

La vía auditiva finaliza en la corteza auditiva primaria (o AI), situada en una pequeña parte de la superficie superior del surco superior temporal. El área AI se encuentra en la parte central de la corteza auditiva y tiene un mapa tonotópico (distribución espacial de las frecuencias) similar a la de la membrana basilar. De hecho, la distribución tonotópica de las frecuencias se mantiene a lo largo de la vía auditiva. La corteza AI participa del procesado y decodificación de la intensidad, el rango dinámico y el umbral de audición. Alrededor del área primaria AI existen áreas auditivas secundarias (o AII). La corteza AII contribuye al análisis de los aspectos subjetivos de la audición y al procesado de sonidos complejos, participando también en la memoria auditiva. Hay neuronas auditivas que conectan con el cerebelo, como centro del procesamiento de la locomoción, y con la formación reticular, involucrada en el control del nivel de consciencia.

La corteza auditiva está fuertemente implicada en las etapas más integradoras e interpretativas del procesado auditivo. Cuanta más cantidad de información está contenida en el sonido, más involucrada está la corteza en su procesado. Una parte del procesado de los impulsos neurales asociados al sonido se realiza en las etapas intermedias, de forma similar a lo que ocurre con la memoria RAM de un ordenador. Por ejemplo, el colículo inferior recibe entradas de las fibras de primer orden desde el complejo olivar superior, pero también entradas retardadas de órdenes superiores desde otros núcleos. Es decir, el colículo inferior recibe señales idénticas, pero retardadas en el tiempo, pudiendo compararlas mediante un proceso muy similar al que realiza la función de correlación. En el capítulo 2 se profundizará más sobre este tema.

Se ha señalado que el hemisferio izquierdo está más especializado en el procesado en el dominio del tiempo, mientras que el hemisferio derecho está más implicado en el del dominio de las frecuencias. En consecuencia, el hemisferio izquierdo tiene mayor intervención en el procesado del lenguaje, mientras que el derecho interviene más en el procesado de la música y la prosodia.

Conexiones entre el sistema auditivo y otros sistemas cerebrales

El sistema auditivo tiene conexiones con muchos otros sistemas neurales. Cuando percibimos por primera vez el acúfeno, usamos la conexión entre los sistemas auditivo y visual para intentar localizar una posible fuente externa donde se ha producido el sonido. Cuando no la encontramos, y otras personas de nuestro alrededor no lo escuchan, empezamos a ser conscientes de que el acúfeno solo es percibido por nosotros y que está dentro de nuestra cabeza.

El sistema límbico incluye estructuras cerebrales tales como el hipocampo, la amígdala, el hipotálamo, la fimbria, el fórnix, los cuerpos mamilares, y el giro cingulado. En concreto, las conexiones entre el sistema auditivo y dos de estas estructuras del sistema límbico (la amígdala y el hipocampo) son muy relevantes para el acúfeno. El sistema auditivo se conecta con la amígdala a nivel del colículo inferior. Esta conexión es la responsable de la emoción que nos produce el sonido. Una música muy agradable nos producirá una sensación placentera, mientras que un ruido alto y estridente nos producirá una sensación muy molesta. Cuando se produce un acúfeno y los impulsos eléctricos correspondientes alcanzan el colículo inferior, la amígdala produce inicialmente una sensación de malestar. Si pasado un cierto tiempo la señal del acúfeno no desaparece, la conexión entre el sistema auditivo y la amígdala se puede intensificar o exacerbar, dando lugar a la aparición de los típicos síntomas emocionales del acúfeno, como el estrés, la ansiedad y la depresión. El sufrimiento emocional generado por el acúfeno, denominado distrés, es el síntoma más nocivo del acúfeno.

Por otra parte, el sistema auditivo tiene conexiones con el hipocampo a nivel de la corteza cerebral. El hipocampo es la estructura que controla las reacciones, en concreto, la secreción de hormonas. Esta conexión entre el sistema auditivo y el hipocampo es la responsable de que cuando escuchamos el frenazo de un vehículo que se nos aproxima y está a punto de atropellarnos, generemos la adrenalina necesaria para saltar rápidamente y evitar el atropello. Desde el hipocampo hay una trayectoria eferente (descendente) que pasa por la corteza auditiva y la amígdala, y que podría alcanzar la cóclea. Esta trayectoria, también denominada eje hipotalámico-pituitario-adrenal (HPA), es la responsable de que un revés emocional grande (golpe de estrés traumático, ansiedad alta, depresión profunda) pueda producir acúfenos (Mazurek *et al.*, 2012).

CAPÍTULO 2

Mecanismos del acúfeno

La vía auditiva es un entramado complejo de neuronas con múltiples axones y sinapsis. El número masivo de sinapsis que conectan las neuronas a través de la vía auditiva constituye un sistema de memoria distribuida para almacenar el conocimiento aprendido de la experiencia. Dependiendo de sus propiedades químicas y eléctricas, las sinapsis pueden ser excitatorias o inhibitorias. En las sinapsis excitatorias, los neurotransmisores despolarizan la membrana postsináptica, esto es, hacen el interior de la célula menos negativo con respecto a su valor en reposo. El potencial de membrana derivado de la despolarización se denomina potencial de membrana postsináptico excitatorio. Si la despolarización de la membrana postsináptica alcanza un valor umbral, se genera un potencial de acción (un impulso) en la neurona postsináptica. Por el contrario, en una sinapsis inhibitoria, los neurotransmisores hiperpolarizan la membrana postsináptica, esto es, hacen el potencial de membrana más negativo. El cambio de este potencial de membrana debido a la hiperpolarización se denomina potencial postsináptico inhibitorio Este potencial inhibitorio hará mucho menos probable que la neurona dispare un impulso cuando reciba simultáneamente entradas excitatorias e inhibitorias.

Los potenciales de acción son la forma primaria por la que se comunican unas neuronas con otras; de aquí que los impulsos neurales sean el único lenguaje usado dentro del cerebro. Además de la tasa de disparos, las neuronas usan también la cadencia (*timing*) complementando la información que no está disponible en esta tasa de disparos.

En ensayos con animales es posible medir la secuencia de impulsos usando microelectrodos en diferentes partes de la vía y la corteza auditiva. Estos microelectrodos permiten registrar directamente los potenciales de acción a través de la membrana de las neuronas. El disparo de un potencial de acción tiene una duración de 2-10 ms, dependiendo de la neurona específica. Así pues, en la posición de una neurona postsináptica específica se observará un tren de impulsos junto con unos códigos neurales.

El sistema auditivo tiene la actividad espontánea más alta de entre todos los sistemas sensoriales, aun cuando normalmente no la oímos debido, presumiblemente, a que es una actividad aleatoria al no estar correlacionada a través de las fibras auditivas y muy poco a través de las neuronas de la corteza auditiva. Sin embargo, el sonido se percibe cuando esta actividad es más estructurada por algún motivo, por ejemplo, si hay sincronía frecuencial o temporal.

La codificación de sonidos complejos requiere una población de neuronas. El principal mecanismo del cerebro para evaluar y adaptarse a las condiciones cambiantes es la correlación. Observar la correlación proporciona la herramienta para inferir acerca del ambiente que nos rodea. En respuesta a sonidos complejos, las neuronas corticales típicamente muestran una correlación en sus tasas de disparo variables (mediante la detección de coincidencias en los tiempos de disparo de dos células nerviosas vecinas) o en sus tiempos de disparo (por la detección de la covariancia de las tasas de disparo de estas células nerviosas).

Se cree que la plasticidad cerebral está íntimamente relacionada con la capacidad para generar y detectar estas correlaciones. La hipótesis hebbiana, de hecho, establece que dos fibras nerviosas (o sistemas de fibras) que son activadas repetida y simultáneamente tenderán a asociarse, de tal modo que la actividad de una facilitará la actividad de la otra.

El acúfeno, como una consecuencia potencial de los cambios en los mapas tonotópicos corticales, puede ser el resultado de una plasticidad auditiva poco adaptativa. Los campos receptivos corticales de las neuronas individuales son flexibles al aprendizaje, como también lo son los mapas tonotópicos corticales. Las pérdidas de audición periféricas causan cambios en los mapas tonotópicos de la corteza auditiva primaria (AI) y del tálamo auditivo (el tálamo es la última etapa en la vía auditiva, cuyo núcleo es el cuerpo geniculado medial), pero no del colículo inferior o del núcleo coclear. Estos cambios incluyen modificaciones del mapa tonotópico, incremento de la SFR (hiperactividad) e incrementos de la sincronía neural (hipersincronía). Estos hallazgos apuntan a un papel importante del complejo talamocortical en la generación del acúfeno a través de la plasticidad.

El déficit de la entrada de una señal desde la periferia a las neuronas centrales auditivas, como consecuencia, por ejemplo, de la pérdida de audición a determinadas frecuencias, puede iniciar disparos neurales sincronizados prolongando la despolarización postsináptica e incrementando la probabilidad de que entradas temporalmente coincidentes converjan en las sinapsis. En el sistema auditivo central normal, la inhibición está más o menos sintonizada con la parte excitatoria del campo receptivo de una neurona producida por una entrada talamocortical. Esto restringiría la actividad sincrónica a las neuronas sintonizadas con las propiedades del estímulo acústico, dando lugar de este modo a la percepción auditiva normal. Sin embargo, cuando la inhibición intracortical se debilita, se puede desarrollar una actividad de disparo de impulsos sincrónica ampliamente distribuida, dando lugar a la percepción de sonidos que están físicamente ausentes, es decir, acúfenos.

El esquema de generación del acúfeno podría resumirse de la siguiente manera (Eggermont, 2012):

- En la mayor parte de los casos, el proceso que conduce al acúfeno se dispara por una lesión del sistema auditivo periférico, por ejemplo, pérdida de células ciliadas en el oído interno, como consecuencia del envejecimiento o de una sobreexposición a ruido.
- La pérdida de una señal de entrada en la región frecuencial dañada provoca una sobrerrepresentación de las frecuencias del borde de la lesión, la cual causa una hiperactividad y posibles disparos en las vías auditivas centrales, lo que constituye la señal que inicia el acúfeno.
- Bajo circunstancias normales, la señal del acúfeno es cancelada al nivel del tálamo. Sin embargo, si las regiones paralímbicas no inhiben la señal del acúfeno en la puerta talámica, la señal es enviada hacia la corteza auditiva, donde provoca la reorganización permanente y el acúfeno crónico.

A continuación, se analizan con mayor profundidad cada uno de los posibles mecanismos del acúfeno.

Incremento de la actividad espontánea (hiperactividad)

La figura 6 ilustra el proceso de plasticidad homeostática que estabiliza el rango de tasas de disparos de una fibra nerviosa auditiva después de una disfunción periférica (Schaette y Kempter, 2006). Dicha fibra auditiva dispara en un rango de tasas que varía entre el valor mínimo (la SFR) y el valor máximo. Cuando se produce una disfunción en el sistema auditivo periférico, la fibra incrementa el rango de tasas de disparo para compensar esta privación de información, mediante un proceso conocido como plasticidad homeostática. Esto provoca el aumento de la SFR, dando lugar a una hiperactividad de la fibra auditiva. Como se puede ver en la figura 6, esta hiperactividad hace que la SFR modificada, que en condiciones de audición normal no se oye, pase a la zona con tasa de disparos audible, con la consecuente aparición de un acúfeno a la frecuencia de sintonización de dicha fibra.

FIGURA 6

Esquema de la generación del acúfeno por un incremento de la actividad espontánea.

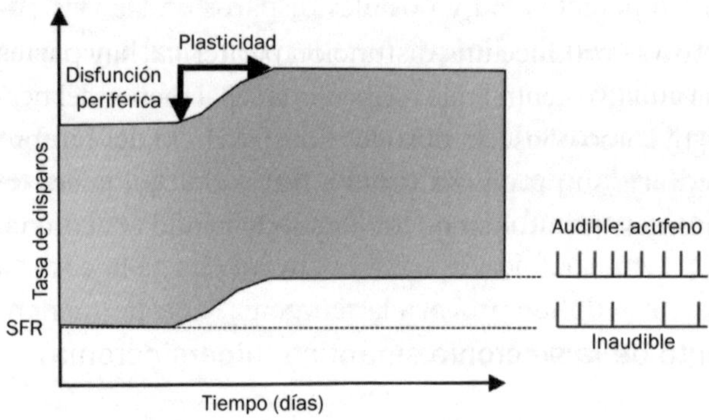

FUENTE: ELABORACIÓN PROPIA.

Según Eggermont (2012), los siguientes mecanismos pueden estar involucrados en los cambios plásticos de la SFR:

- La pérdida de audición causa una reducción global de la inhibición central en la región de frecuencias próxima a la de las pérdidas. Ya que las SFR en la corteza auditiva están determinadas probablemente por el equilibrio entre excitación/inhibición a las que están sujetas, y este puede experimentar cambios plásticos

en el cerebro, esto podría dar origen a incrementos de la SFR.
- Los mecanismos que estabilizan la actividad media de disparo de una fibra nerviosa en escalas de tiempo del orden de días funcionan típicamente aumentando y ajustando la eficacia de las sinapsis entre neuronas. Las tasas de disparo de las neuronas reflejan tanto el estado excitatorio como el equilibrio entre entradas excitatorias e inhibitorias. Esto sugiere que un incremento en las tasas de disparo de estas neuronas puede deberse a un aumento de las entradas excitatorias.
- La neurona actúa como un agente "hedonista" que se esfuerza por adquirir actividad. En otras palabras, las neuronas buscan la excitación y evitan la inhibición.

Cuando se produce una disfunción periférica, hay partes del sistema auditivo central que reciben una señal menor del nervio auditivo; como consecuencia de ello, el silencio del cerebro se altera e inicia su propia actividad a través de cualquiera de los mecanismos que acabamos de ver produciendo el acúfeno.

Incremento de la sincronía sináptica (hipersincronía)

La sincronía neural es un reflejo del disparo casi simultáneo de neuronas individuales (microsincronía), de la sincronización de los disparos en grupos locales de neuronas (mesosincronía) o de la presencia de ondas cerebrales oscilatorias en el electroencefalograma (macrosincronía). Existen, al menos, dos tipos de mecanismos que pueden relacionar el acúfeno con un incremento de sincronía neural:

- Sincronía en paralelo: incremento de la sincronía de disparos de diferentes neuronas dentro de la banda de frecuencias del acúfeno. Además, las neuronas que reciben entradas sincronizadas muestran generalmente una probabilidad de disparo incrementada (hipótesis hebbiana), haciendo así más fiable la transmisión de la actividad neural.

- Sincronía en serie: el disparo de paquetes de neuronas individuales puede intensificar también la probabilidad de disparo de las neuronas receptoras. Si la señal del acúfeno se genera en las estructuras subcorticales, el incremento de sincronía en general puede propagar esta actividad a la corteza auditiva. El incremento de sincronía en serie, y, por tanto, la propagación eficiente de disparos neurales, es potencialmente suficiente para mantener la percepción del acúfeno.

Los modelos animales de acúfeno han confirmado el incremento de sincronía en la actividad espontánea de regiones específicas de frecuencia en varias etapas de la vía auditiva tales como el núcleo coclear, el colículo inferior y el cuerpo geniculado medial.

Modificación del mapa tonotópico

Como se vio en el capítulo 1, el mapa tonotópico coclear, la localización de las frecuencias del estímulo auditivo a lo largo de la membrana basilar, se mantiene a lo largo de la vía auditiva hasta el área AI de la corteza auditiva. En la cóclea, existe una relación empírica que permite determinar la frecuencia que corresponde a cada posición, medida desde la base o desde el extremo. Esta relación se muestra en la figura 7, para el caso de una cóclea de 35 mm de longitud.

Como puede observarse, una frecuencia tan baja como 125 Hz estaría localizada a unos 32 mm desde la base de la cóclea (a 3 cm de su extremo). Sin embargo, una frecuencia alta, como 8 kHz, estaría a unos 7 mm de la base y a 28 mm desde el extremo. El área cortical AI de la corteza auditiva se halla localizada en el giro de Heschl. Técnicas de imagen han permitido determinar que las bajas frecuencias están localizadas en el centro del giro de Heschl y que las altas frecuencias se distribuyen en los extremos de dicho giro, de una manera casi especular.

FIGURA 7

Correspondencia entre la posición en la cóclea y la frecuencia.

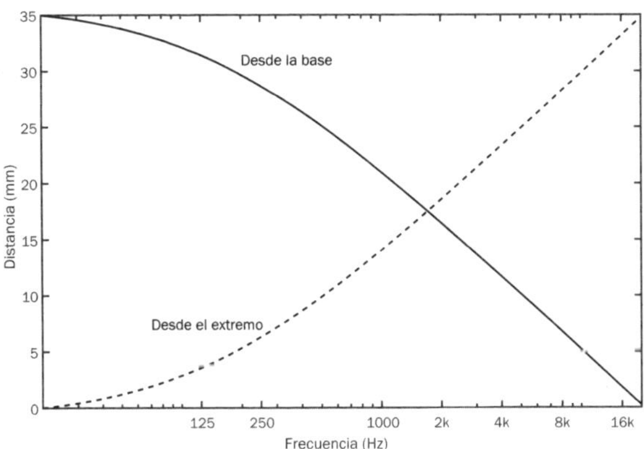

FUENTE: ELABORACIÓN PROPIA.

Así pues, en un oído normal, las bajas frecuencias del extremo de la cóclea se conectarían con las bajas frecuencias del centro del giro de Heschl, mientras que las altas frecuencias de la base de la cóclea estarían conectadas con las altas frecuencias en ambos extremos del giro de Heschl. Esta correspondencia tonotópica se representa esquemáticamente en la figura 8a. Cualquier lesión en una zona determinada del mapa tonotópico del sistema auditivo periférico, por ejemplo, una HL, desconectaría las sinapsis correspondientes, privando al sistema cortical de la información en esa misma banda de frecuencias (figura 8b). A través de un mecanismo de plasticidad neural, la banda del borde en el mapa cortical invadiría la banda de frecuencias dañada en la periferia. La sobrerrepresentación de las frecuencias del borde de la banda adyacente daría lugar a la percepción de un acúfeno a esa misma frecuencia (figura 8c).

FIGURA 8

Esquema de la generación del acúfeno por modificación del mapa tonotópico.

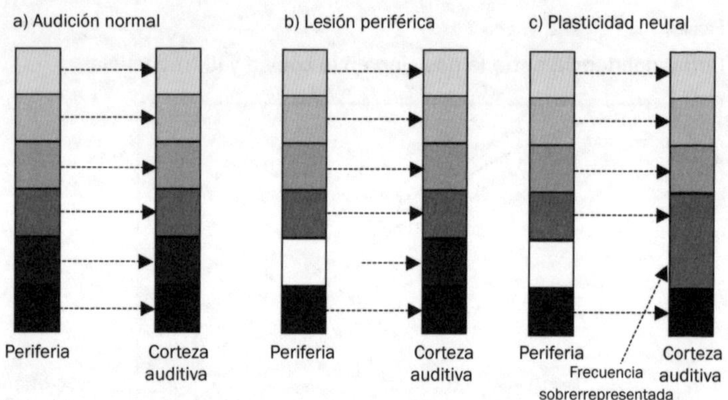

FUENTE: ELABORACIÓN PROPIA.

Estrés como mecanismo generador de acúfenos

Existen muchos estudios que demuestran que los acúfenos pueden producir estrés emocional. Sin embargo, el otro lado de esta interacción, es decir, que el estrés emocional puede originar acúfenos, está menos estudiado. Mazurek *et al.* (2012) revisaron exhaustivamente esta fuerte interacción en los dos sentidos y demostraron que, efectivamente, sucesos que provocan un estrés intenso en las personas tales como el diagnóstico de una enfermedad grave o el fallecimiento de un ser querido pueden producir acúfenos. El estrés se describe como la reacción del organismo a un agente estresante, ya sea físico (calor, frío, hambre) o psicosocial (aislamiento, apiñamiento, estrés predatorio, privación del sueño, estrés sónico). En términos generales, el estrés es una reacción positiva, ya que incrementa la probabilidad de supervivencia al iniciar el mecanismo de adaptación y manejo de una nueva situación. Los cambios inducidos por el estrés incluyen los estados de alarma, y si no se elimina el agente estresante, la resistencia y el agotamiento.

El estrés estimula los ejes neuroendocrinos tales como el eje hipotalámico-pituitario-tiroidal (HPG) y el eje hipotalámico-pituitario-adrenal (HPA). El estrés, además, puede activar el sistema nervioso simpático. La adaptación del sistema neuronal al estrés inducido se refleja por la plasticidad neuronal, la cual no solo es esencial para las tareas de memoria y aprendizaje, sino que también lo es para la inducción de las alteraciones del estado de ánimo (Mazurek *et al.*, 2012).

El eje HPA del estrés funciona de la siguiente manera: en primer lugar, el estrés induce la secreción de la hormona corticotrofina desde el hipotálamo, la cual estimula, a continuación, la secreción de la adrenocorticotrofina por la glándula pituitaria; finalmente, la liberación de la adrenocorticotrofina al torrente sanguíneo provoca la secreción de las hormonas del estrés desde las glándulas suprarrenales, incluyendo glucocorticoides (corticosterona y cortisol) y mineralocorticoides (aldosterona). El cortisol no solo se libera por una exposición al estrés, sino también durante el ritmo circadiano y regula muchos otros procesos, desde la inflamación hasta los cambios de comportamiento.

Algunos de los receptores del eje HPA, los mineralocorticoides, han sido localizados también en la estría vascular (figura 2), un tejido que recorre el borde externo del canal coclear, y en las neuronas del ganglio espiral. La hiperactivación de los receptores mineralocorticoides en el oído interno podría conducir a un desequilibrio del potasio-sodio en la escala timpánica, dando lugar a los ataques de vértigo y sordera/acúfenos típicos de la enfermedad de Ménière.

Se ha demostrado que el estrés agudo y crónico puede influir en la plasticidad neural a través de la neurotransmisión del glutamato, afectando de este modo a los procesos de memoria, aprendizaje y procesado auditivo. Los sistemas auditivos periféricos y corticales expresan moléculas que están moduladas por el estrés en el sistema límbico y en los centros corticales de la memoria y el aprendizaje. Esta modulación es la responsable de la plasticidad neural en estas regiones. Sin embargo, aún no se ha revelado si el estrés y la activación del eje HPA pueden producir cambios plásticos en la vía auditiva a través de la modificación de la neurotransmisión del glutamato.

En resumen, Mazurek *et al.* (2012) propusieron el siguiente modelo explicativo de la generación de acúfenos por estrés (figura 9):

- Inicialmente, el estrés podría activar el eje HPA local en el oído interno.
- A continuación, la liberación de corticosterona activada por el estrés podría afectar a la función del receptor mineralocorticoide en la cóclea y, posiblemente, alterar la concentración de potasio secretado por la estría vascular, disparando así el acúfeno.
- Finalmente, la activación del eje HPA inducida por el estrés y la liberación de corticoesteroides podría provocar plasticidad neuronal pre- y postsináptica a lo largo de todo el sistema auditivo.

Figura 9

Modelo de plasticidad neural inducida por estrés como mecanismo de generación de disfunciones de acúfenos.

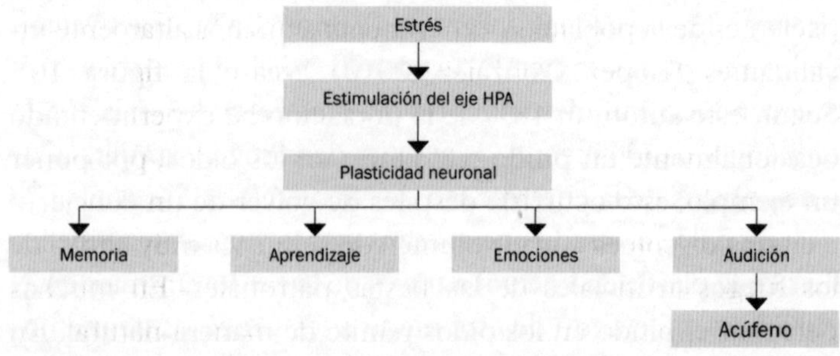

Fuente: Modificada de la figura 7 de Mazurek *et al.* (2012).

CAPÍTULO 3

Características del acúfeno

Epidemiología del acúfeno

Estudios epidemiológicos en países desarrollados muestran una prevalencia del acúfeno muy variable (McFerran *et al.*, 2018). El acúfeno es más prevalente en personas mayores de 60 años (un 12%) que en personas más jóvenes (5% entre 20 y 30 años). La severidad del acúfeno en un 1-2% de la población puede producir molestia, problemas con el sueño, estrés, ansiedad o depresión, lo que afecta seriamente a la calidad de vida. Se ha estimado que entre 25 y 52 millones de personas en Estados Unidos y unos cinco millones en Europa padecen de acúfeno severo (Vio y Holme, 2005). En España, el 1% de pacientes de la población experimenta acúfenos altamente invalidantes (López González, 2010) (véase la figura 10). Según este autor, un 18% de la población ha experimentado ocasionalmente un pitido transitorio en los oídos; por poner un ejemplo, esto ocurriría después de volver de un concierto o en una discoteca con el volumen de la música muy alto, o de los fuegos artificiales de las fiestas patronales. En muchas personas el pitido en los oídos remite de manera natural. En un 10% de la población, sin embargo, no solo no remite, sino que el acúfeno produce algún tipo de molestia. De estos, las molestias son lo suficientemente suaves o ligeras en un 5% y el paciente ni siquiera acude a la consulta médica. En un 4% las molestias son moderadas, por lo que los pacientes suelen consultar a su médico de atención primaria. En el 1% de la población, los acúfenos producen efectos severos tales como angustia, ansiedad, depresión o estrés.

FIGURA 10

Prevalencia del acúfeno en la población.

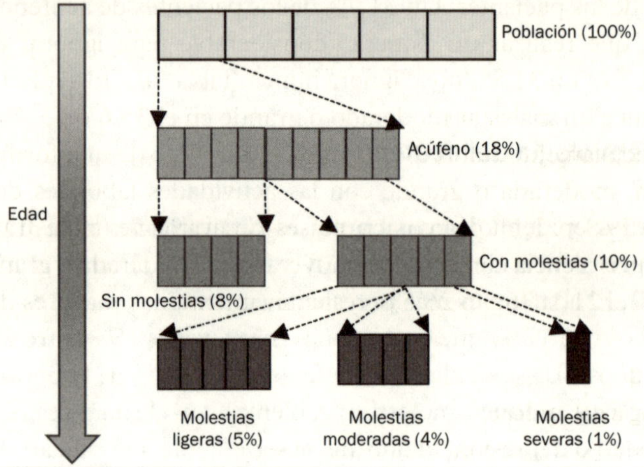

FUENTE: MODIFICADA DE LA FIGURA 2 DE LÓPEZ GONZÁLEZ (2010).

Estos pacientes, unos 500 000 en España (y más de 76 millones en el mundo), tienen menoscabada seriamente su calidad de vida, ya que no existe hoy día ningún medicamento para su cura. El descubrimiento de un medicamento tal tendría un impacto potencial de más de 600 millones de euros en el primer año de su lanzamiento (Vio y Holme, 2005).

Algunas instituciones han elaborado bases de datos de los pacientes de acúfenos, que han visitado o consultado clínicas especializadas, que permiten obtener algunas de sus características típicas. Una de las bases más reputadas fue elaborada por la clínica de acúfenos de la Universidad de Ciencias y de la Salud de Oregón (OSHU)[1]. Esta base contiene los datos audiométricos y acufenométricos de 1830 pacientes. De ellos, 466 eran mujeres (28,5%) y 1164 hombres (71,5%). La tabla 3A resume el grado de interferencia del acúfeno en la vida de estos pacientes. Según estos datos, el acúfeno interfiere a menudo en el sueño y produce cansancio en casi el 25%, irritabilidad o nerviosismo en el 38%, dificultad para relajarse y pérdida de confort en el 45%, dificultad para concentrarse en el 38% y dificultad para interactuar placenteramente en el 30% de los pacientes. Un 31,7% de los pacientes de acúfenos tiene que realizar un esfuerzo considerable para ignorar el acúfeno y un 31,8% no lo ignora nunca (tabla 3B). El acúfeno produce un malestar moderado o grande en el 35,6 o 33,4%, respectivamente (tabla 3C). También interfiere de una forma ligera, moderada o grande con las actividades laborales del 23,6, 29,8 y 22,1% de los pacientes, respectivamente (tabla 3D). La interferencia con su vida social es ligera, moderada o grande en el 21,1, 36,3 o 26,5%, respectivamente.

Tabla 3

Etiología del acúfeno.

A) INTERFERENCIA DEL ACÚFENO EN LA VIDA DEL PACIENTE

EFECTOS EN LA VIDA DEL PACIENTE	FRECUENCIA DEL EFECTO (%)			
	NO	A VECES	A MENUDO	NO SABE
Interferencia en el sueño	28,8	44,5	24,6	2
Irritabilidad o nerviosismo	18,2	42,7	38	1,2
Cansancio	46,5	27,9	24,7	1
Dificultad para relajarse	18	34,7	45,4	1,8
Pérdida de confort	26,6	23,7	44,5	6,1
Dificultad para concentrarse	21,5	33	38,2	7,3
Dificultad para interactuar placenteramente	31,2	31,9	30,1	6,7

1. Se puede consultar en www.tinnitusarchive.org.

B) CANTIDAD DE ESFUERZO PARA IGNORAR EL ACÚFENO	
CANTIDAD DE ESFUERZO	PORCENTAJE
Lo ignora fácilmente	7,4
Lo ignora con algún esfuerzo	28,5
Esfuerzo considerable para ignorarlo	31,7
No lo ignora nunca	31,8
Otros	0,5

C) CANTIDAD DE MOLESTIA QUE PRODUCE EL ACÚFENO	
MOLESTIA	PORCENTAJE
Ninguna	8,8
Leve	21,2
Moderada	35,6
Grande	33,4
Otros	1

D) INTERFERENCIA CON ACTIVIDADES LABORALES O CON LA VIDA SOCIAL		
GRADO DE INTERFERENCIA	ACTIVIDADES LABORALES (%)	VIDA SOCIAL (%)
Ninguna	23,8	15,1
Ligera	23,6	21,1
Moderada	29,8	36,3
Grande	22,1	26,5
Otros	0,6	0,6

FUENTE: BASE DE DATOS DE LA OSHU.

Etiología del acúfeno

En la base de datos de la OSHU también se les preguntaba a los pacientes sobre el origen (etiología) de su acúfeno. El análisis de sus respuestas se resume en la tabla 4. En este análisis se identificaban dos tipos de factores: traumáticos y médicos. Entre las causas de origen traumático, se identificaban la sobreexposición a ruido alto (17%), la exposición a ruido traumático (6,6%), los traumatismos en la cabeza (10%), de cuello o cervicales (6%), y los barotraumas (0,7%). Entre las causas de origen médico, se incluían diferentes problemas del oído, como infecciones/inflamaciones (3%), sordera súbita (0,9%) y otros problemas del oído (3,1%), medicamentos ototóxicos (3,4%), operaciones diversas (1,6%), sinusitis (3%), problemas en la articulación temporomandibular (ATM) (1%), estrés (2,5%) y alergias (0,4%). Nótese que los porcentajes de esta tabla suman menos del 100% debido a que muchos pacientes fueron incapaces de determinar la causa de su acúfeno (origen idiopático).

Tabla 4

Etiología de los acúfenos.

	CAUSA	PORCENTAJE
Factores traumáticos	Sobreexposición a ruido de larga duración	17
	Exposición a ruido traumático (explosiones, disparos)	6,6
	Traumatismos en la cabeza	10
	Traumatismos del cuello o cervicales	6
	Barotrauma	0,7
Factores médicos	Infecciones/inflamaciones del oído	3
	Sordera súbita	0,9
	Otros problemas del oído	3,1
	Sinusitis	3
	Otras enfermedades	3,8
	Medicamentos ototóxicos	3,4
	Operaciones varias	1,6
	Problemas de la articulación temporomandibular	1
	Alergias	0,4
	Estrés	2,5

Fuente: Base de datos de la OSHU.

Roitman (2018) realizó un estudio entre 2004 y 2017 sobre una población de 12 400 pacientes de acúfeno en Argentina. Aunque muchos de estos pacientes manifestaron un origen idiopático de su acúfeno, la mayoría de ellos lo asociaron al estrés y a diversas variantes del trauma acústico.

En un estudio en curso en el Instituto de Tecnologías Físicas y de la Información del CSIC (ITEFI), en Madrid, los pacientes atribuyeron mayoritariamente el origen de su acúfeno a pérdidas auditivas (conductivas, neurosensoriales, súbitas) y a problemas emocionales (estrés, ansiedad, depresión, trastorno obsesivo compulsivo) y, en menor medida, a la sobreexposición a ruido, traumas en la cabeza y a causas idiopáticas (Cuesta y Cobo, 2023).

Heterogeneidad del acúfeno

El acúfeno es una alteración auditiva altamente heterogénea. Según Cederroth *et al.* (2019), los pacientes de acúfenos difieren en, al menos, cuatro dimensiones:

1. Percepción del acúfeno: lateralidad del sonido (oído izquierdo, derecho o bilateral), frecuencia y tipo de sonido (tono, timbre o siseo). Además, el acúfeno puede ser agudo o crónico, pulsátil o constante.
2. Factores de riesgo (pérdida auditiva, alteraciones de la ATM, envejecimiento) y comorbilidades (hiperacusia, depresión, insomnio, dolor de cabeza, problemas de concentración).
3. Sufrimiento emocional (distrés) asociado. Se tratará con mayor profundidad en el capítulo 4.
4. Respuesta a los tratamientos. Se analizará en el capítulo 5.

Así pues, los pacientes de acúfenos presentan diferentes características respecto a su percepción, severidad y comorbilidades. Esta heterogeneidad se ha atribuido a diferencias en la patofisiología subyacente y en la reacción personal a esta alteración. Esta heterogeneidad aconsejaría el establecimiento de diferentes subtipos de acúfenos, con tratamientos diferenciados para cada uno de ellos. Aunque este es un tema destacado de investigación en la actualidad, todavía no se ha encontrado una clasificación del acúfeno en un número razonable de subtipos o fenotipos. No obstante, se pueden diferenciar los acúfenos por su origen, localización y duración.

Atendiendo a su origen, los acúfenos se pueden clasificar en los siguientes tipos:

- Primarios o subjetivos: en la vía auditiva neural.
- Secundarios u objetivos: originados en alguna parte del cuerpo humano (flujo sanguíneo, contracción muscular, etc.).

Desde el punto de vista de su localización en el sistema auditivo, los acúfenos se conocen como:

- Periféricos o cocleares: generados por una actividad aberrante en el oído interno que se propaga a través del nervio auditivo y la vía auditiva hasta la corteza auditiva.
- Centrales: de origen subcortical o cortical. Dentro de esta categoría se distinguen dos tipos:
  - Dependientes de la periferia: acúfenos asociados con el incremento de la actividad espontánea (hiperactividad).
  - Independientes de la periferia: acúfenos asociados a la modificación del mapa tonotópico cortical.

Teniendo en cuenta su duración, los acúfenos se clasifican en:

- Agudos: duran menos de tres meses.
- Crónicos: con una duración superior a tres meses.

Por su patrón temporal, los acúfenos pueden ser continuos o intermitentes, pulsátiles o no pulsátiles. Por último, se pueden clasificar atendiendo a la incapacidad que generan en el paciente. Para establecer esta clasificación, es necesario usar algún tipo de medida del acúfeno, como las que se definirán en el capítulo 4.

Del análisis del estudio de Roitman (2018) se obtuvieron las siguientes conclusiones:

- El número de hombres excedía en un 12% al de las mujeres. Recuérdese que en el caso de la base de datos de la OSHU, la prevalencia masculina era mucho más alta (78,5% frente al 21,5%). Podría ser que los hombres muestren mejor disponibilidad que las mujeres a solicitar asistencia especializada.
- El grupo de edad más numeroso fue el de personas entre 50 y 69 años. En el caso de los pacientes de la OSHU, la franja de edad predominante era de 40-59 años (50-69 años para el caso de las mujeres).
- Más de la mitad de estos pacientes tenía un acúfeno de antigüedad menor de 10 años, donde predominaban los que consultaban al especialista en los primeros meses de la sintomatología.
- El 72% de los pacientes con acúfenos refirió también tener hiperacusia (reducción del rango dinámico del oído por su parte superior).
- Solo en un 6% de los participantes de acúfeno era pulsátil, siendo subjetivo en el 94% restante.
- El acúfeno era continuo en la mayor parte de los participantes, siendo de aparición súbita en el 55%.
- Un 51% de los participantes tenía dificultades de concentración y el 43% de ellos sufría de alteraciones del sueño.

En el caso del estudio del ITEFI, se obtuvieron las características audiométricas y acufenométricas de los pacientes de acúfeno a través de una entrevista personal (anamnesis) que incluía preguntas acerca de la variabilidad temporal, espectral (tipo de sonido y frecuencia) y espacial (localización) de su acúfeno (Cuesta y Cobo, 2023). Como en el caso del estudio de Roitman (2018), la prevalencia de las personas que manifestaron tener acúfeno fue mayor en hombres (65%) que en mujeres (35%). En el caso del tipo de sonido, se suele distinguir entre acúfeno tonal, *ringing* y *hissing*. El acúfeno tonal se percibe como un pitido, el *ringing* como un timbre o como una chicharra, dependiendo de su frecuencia, y el *hissing* como un siseo, o como el ruido del vapor que escapa de una olla a presión. El tipo de sonido se determinó exponiendo a los participantes a estos tres tipos, pidiéndoles que identificaran el más parecido a su propio acúfeno (véase el capítulo 4 para una descripción más detallada). Del análisis de estos datos se obtuvo que:

- La edad media era de 51,1 años, ligeramente superior para el caso de los hombres (51,8) que para el de las mujeres (49,6). Los participantes de este estudio refirieron una antigüedad de su acúfeno de 6,6 años, de nuevo ligeramente superior en los hombres (7,5 años) que en las mujeres (4,9 años). Por tanto, los participantes lo percibieron por primera vez (edad menos antigüedad) con 44,5 años (44,3 en hombres y 44,7 en mujeres).
- Un 51% de los pacientes definía su acúfeno como bilateral, un 33% lo localizaba en su oído izquierdo y un 16% en su oído derecho. La incidencia es muy similar en hombres y en mujeres (véase la figura 11). En otras palabras, casi la mitad perciben su acúfeno en ambos oídos, un tercio lo oye en el oído izquierdo y un sexto lo siente en el oído derecho, independientemente de su sexo.
- Un 36% de los pacientes asignaba su acúfeno a un *hissing*; un 30%, a un *ringing*, y un 34% lo percibía como un tono puro (véase la figura 12). Cuando se

analizan por sexos, los porcentajes son muy similares en el caso de los hombres, mientras que las mujeres que oyen un *hissing* es ligeramente menor y el *ringing* es ligeramente mayor.

El valor medio de esta frecuencia fue de 5000 Hz. Los hombres tienen un valor medio ligeramente superior (5450 Hz), mientras que las mujeres perciben una frecuencia media ligeramente menor (4150 Hz).

FIGURA 11

(a) Localización de los sonidos percibidos por todos los pacientes de acúfenos y en el caso de los hombres (b) y las mujeres (c).

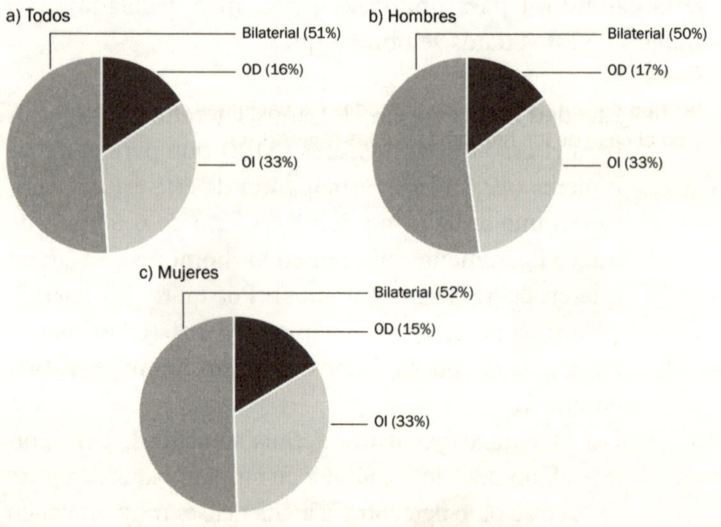

FUENTE: ELABORACIÓN PROPIA.

De forma similar a la evaluación del tipo de sonido, se puede estimar la intensidad del acúfeno por comparación con la intensidad de un sonido similar generado por un equipo calibrado (acufenometría, véase el capítulo 4). En la base de datos de la OSHU se pueden encontrar los datos de esta intensidad sobre una muestra de 1420 pacientes. El histograma correspondiente se muestra en la figura 13. Como se puede ver, un 40% de los pacientes de este estudio tenían un acúfeno de intensidad inferior a 3 dB SL (SL es el nivel de sensación o nivel del acúfeno por encima de su umbral de audición), un 30% entre 4 y 6, un 15% entre 7 y 9, y así sucesivamente. Es decir, del orden del 90% de los pacientes de este estudio tenían un nivel de intensidad por debajo de los 10 dB SL, el cual es muy bajo. Estos resultados corroboran el hecho de que el principal problema producido por el acúfeno no es su nivel de intensidad. Como se comentó en el capítulo 2, el principal problema es el distrés producido por la exacerbación de la conexión entre el sistema auditivo y el sistema límbico.

Figura 12

(a) Tipo de sonido percibido por todos los pacientes de acúfenos y en el caso de los hombres (b) y las mujeres (c).

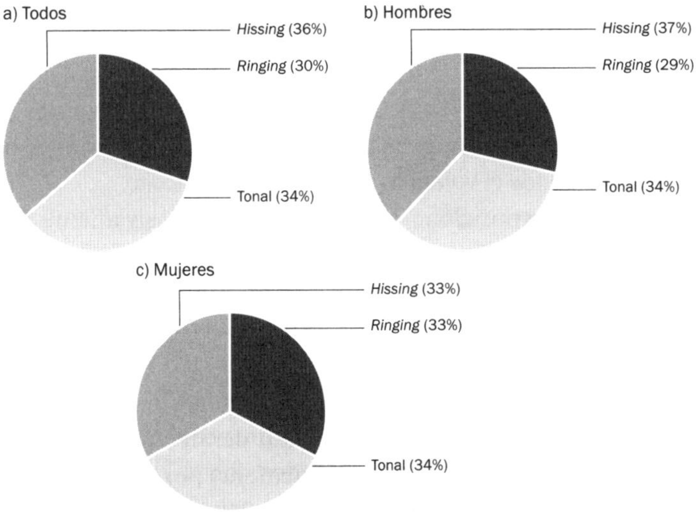

Fuente: Elaboración propia.

Figura 13
Histograma de la intensidad del acúfeno.

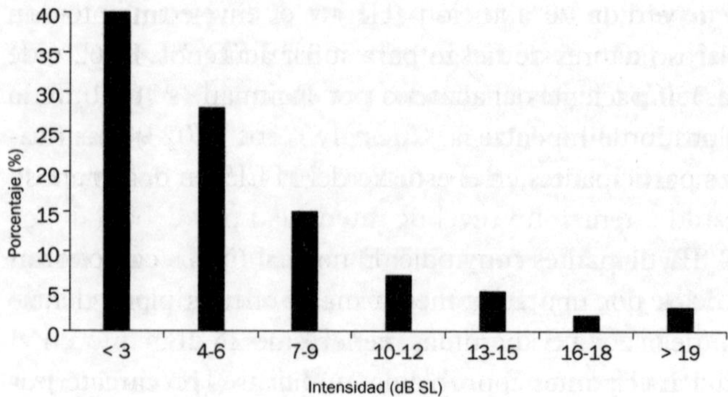

Fuente: Elaborada a partir de la base de datos de la OSHU.

Relación entre pérdida de audición y acúfeno

La sobreexposición a ruido como causa de la generación de acúfenos merece una atención más pormenorizada. Un alto porcentaje de adolescentes y jóvenes están expuestos a un riesgo severo de pérdida de audición, y a la generación de acúfenos, debido a la reproducción de audio en dispositivos personales a un volumen excesivo o por la asistencia a eventos musicales o recreativos donde el volumen tiene un nivel muy alto.

La sobreexposición a niveles de ruido excesivamente altos durante un tiempo prolongado puede producir trauma acústico e incrementa el riesgo de sufrir acúfenos. La alta prevalencia de acúfenos por sobreexposición a ruido debido a la audición de música a un volumen elevado, a disparos de armas de fuego y a explosiones es muy conocida, valga como ejemplo la alta prevalencia entre los músicos de rock. En el caso de los profesionales relacionados con la música (intérpretes, ingenieros de sonido), la prevalencia del ruido está asociada al tipo de música y al tiempo de práctica. Como consecuencia de ello, entre el 50 y el 70% de los jóvenes expuestos a ruido recreativo ha experimentado algún tipo de acúfeno transitorio.

La pérdida de audición (HL) y el envejecimiento son dos claros factores de riesgo para sufrir acúfenos. El 62% de los 12 350 pacientes analizados por Roitman (2018) refería algún grado de hipoacusia. Cuesta y Cobo (2023) clasificaban los participantes en el estudio del ITEFI en dos grupos:

1. Participantes con audición normal (NH), caracterizados por una audiometría más o menos plana dentro de la zona de pérdidas menores de 25 dB.
2. Participantes con pérdidas auditivas (HI) caracterizados por una audiometría con pérdidas superiores a 25 dB en alguna zona de frecuencias del audiograma.

En este estudio, un 74% de los pacientes mostraban algún tipo de pérdida auditiva (grupo HI), mientas que un 26% tenían una audiometría normal (grupo NH). Estos porcentajes eran ligeramente distintos en hombres (78% HI, 22% NH) que en mujeres (74% HI, 26% NH). La figura 14 muestra las audiometrías promedio de ambos grupos de participantes.

Existe controversia sobre las causas de que no todos los pacientes de acúfenos sufran también déficit auditivo. La medida usual de los umbrales auditivos se realiza a frecuencias entre 125 Hz y 8 kHz. Podría ocurrir que un paciente de acúfenos con audiograma normal (HL menor que 25 dB) en este rango de frecuencias tuviera pérdidas importantes a frecuencias más altas. Por esta razón, se recomienda realizar audiometrías de alta frecuencia a los pacientes con acúfenos. Otra teoría que cuestiona la aparición de acúfenos sin déficit auditivo es la de la pérdida de audición oculta (HHL), o sinaptopatía coclear (Liberman, 2017). Como se analizó en el capítulo 1, en un oído normal hay dos tipos de fibras nerviosas que conectan con las IHC: fibras de umbral bajo y tasa de disparos rápida, y fibras de umbral alto y tasa de disparos lenta (figura 5), en proporciones del 60 y 40%, respectivamente. Aunque ambos tipos de fibras nerviosas pueden contactar con la misma IHC, sus sinapsis están segregadas espacialmente alrededor de su circunferencia y sus proyecciones centrales son distintas.

FIGURA 14

Audiometrías promedio de los participantes con acúfeno en el estudio del ITEFI.

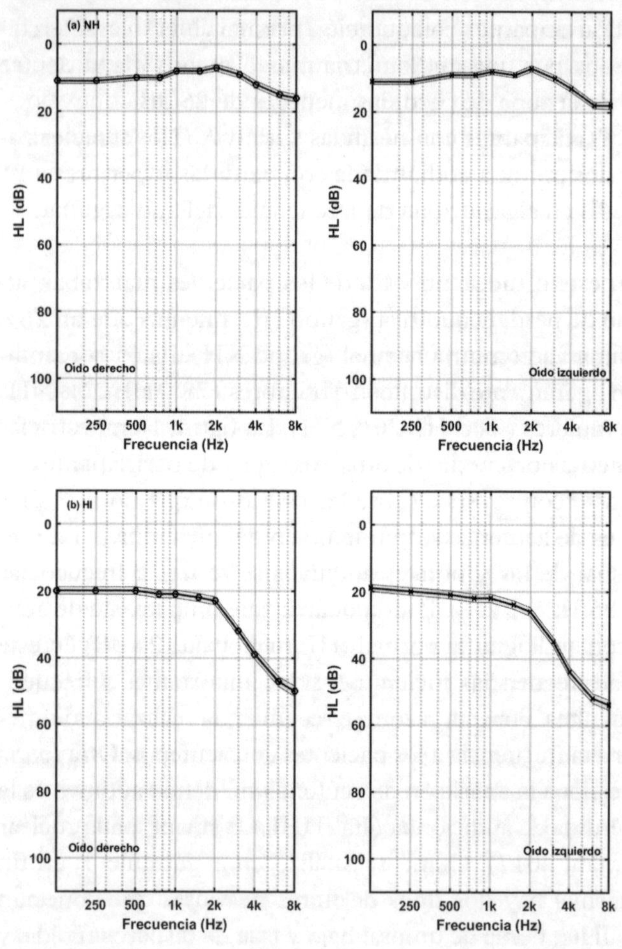

FUENTE: ELABORACIÓN PROPIA.

Los estudios realizados han mostrado que las sinapsis con la tasa de disparos lenta son las primeras que se degeneran. Las fibras de umbral alto y tasa de disparos lenta normalmente extienden el rango dinámico de la periferia auditiva, pero su pérdida no afecta al umbral de detección del estímulo. Por consiguiente, se puede tener una pérdida de audición oculta (HHL) con un audiograma normal, como los del grupo NH. La exposición a ruido puede dañar las fibras auditivas de tasa de disparos lenta más finas y vulnerables o las fibras de tasa de disparos más rápida. Los individuos con audición normal y sin acúfeno tienen intactas las conexiones sinápticas entre las fibras auditivas y las IHC. Los sujetos con HHL han perdido muchas de las conexiones sinápticas entre las fibras de tasa de disparos lenta y umbral alto, y algunas de las de tasa de disparos alta y umbral bajo, lo que puede ocasionar, por un mecanismo de plasticidad compensatoria, la aparición del acúfeno.

Una cuestión importante es averiguar si la forma de la curva HL tiene alguna relación con la frecuencia percibida del acúfeno (TP). Existen diferentes teorías que relacionan diferentes características de la curva HL con el TP del acúfeno:

- Una defiende que el mecanismo que dispara el acúfeno es la sobrerrepresentación de la frecuencia del borde debida a la reorganización del mapa tonotópico a nivel cortical. Esto se produce cuando la frecuencia del acúfeno coincide con la frecuencia a la que la HL es 20 dB (F20).
- Otra propugna que el TP del acúfeno se corresponde aproximadamente con la frecuencia del audiograma a la cual HL = 50 dB (F50). Esta teoría se fundamenta en el hecho de que un 72,7% de los pacientes de acúfenos tienen lo que se denomina zonas muertas, definidas como aquellas regiones de la cóclea donde las IHC están completamente dañadas, por lo que dejan

de funcionar. Estudios *post mortem* demostraron que estas zonas se corresponden con HL = 50 dB.

- Alternativamente, una tercera propuesta sugiere que el acúfeno se origina por plasticidad, la cual compensa la privación sensorial periférica incrementando la tasa de disparos espontánea (hiperactividad) y la sincronía neural (hipersincronía) en la vía auditiva. De acuerdo con esta teoría, la TP del acúfeno debería corresponder con la frecuencia a la que la HL es máxima (Fmax).

Cuesta y Cobo (2018) analizaron la relación entre TP, F20, F50 y Fmax en pacientes de acúfeno con dos tipos de pérdida de audición:

- Umbrales normales en baja frecuencia y pérdidas en alta frecuencia (HF).
- Caída continua y pronunciada desde las bajas frecuencias (CS).

La figura 15 muestra TP, F20, F50 y Fmax superpuestas a las curvas HL promedio de estos dos grupos de pacientes. Como puede verse, la característica de la HL que se aproxima más a la TP, para los dos grupos de curvas HL, es la F50. La F20 subestima la frecuencia del acúfeno. Por el contrario, la Fmax sobreestima la TP.

Figura 15

TP, F20, F50 y Fmax superpuestas a las curvas HL promedio de pacientes de acúfenos con (a) HL de alta frecuencia y (b) HL con caída continua y prolongada desde las bajas frecuencias.

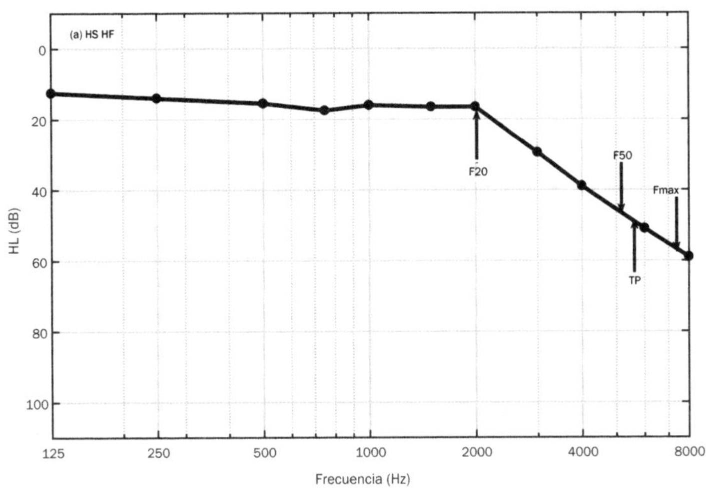

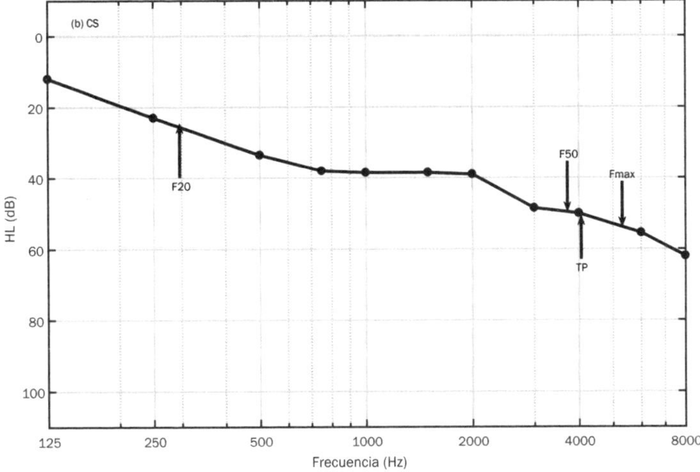

Fuente: Cuesta y Cobo (2018).

CAPÍTULO 4

Evaluación del acúfeno

A pesar de los ensayos realizados, en la práctica clínica no existe aún ninguna técnica objetiva que permita diagnosticar el acúfeno (Langguth *et al.*, 2011). Los especialistas, hoy por hoy, solo pueden hacer una evaluación subjetiva de cómo percibe un sujeto su acúfeno y cómo son las reacciones que le provoca (Henry, 2023). Para evaluar la percepción del acúfeno hay que estimar cómo se perciben sus características sonoras. Las principales medidas psicoacústicas (subjetivas) del acúfeno son su sonoridad, su timbre y su contenido frecuencial. Se estiman mediante técnicas de ajuste que se explicarán un poco más adelante. Estos parámetros subjetivos también permiten valorar el efecto de un sonido externo en el propio acúfeno. Entre los principales efectos, destacan el enmascaramiento del acúfeno, su supresión, su inhibición residual, su exacerbación o su alteración por el otro sonido. También se ha mencionado con anterioridad que el impacto del acúfeno puede ser muy heterogéneo. Puede producir angustia o sufrimiento emocional, dificultades para concentrarse, reducción del sentido del control, perturbaciones del sueño y depresión, entre otros. Todos estos efectos del acúfeno se valoran mediante cuestionarios normalizados.

Evaluación objetiva

Técnicas electrofisiológicas de caracterización del acúfeno

La electrofisiología cortical permite obtener la actividad eléctrica de la corteza cerebral colocando una serie de electrodos directamente sobre el cuero cabelludo. Las ondas registradas por esta técnica se clasifican en ondas delta (1-4 Hz), theta (4-8 Hz), alfa (8-12 Hz), beta (13-30 Hz) y gamma (30-80 Hz).

Recientemente se han realizado algunos ensayos para registrar la actividad cortical aberrante que produce el acúfeno mediante técnicas electrofisiológicas de alta precisión combinadas con una estimulación acústica apropiada. Por ejemplo, Sedley *et al.* (2015) registraron la actividad de las ondas cerebrales de un sujeto de 50 años con un acúfeno tonal bilateral mientras era sometido a un experimento de inhibición residual (RI) en bloques de diez segundos. La RI es el tiempo que deja de percibirse el acúfeno después de desconectar el sonido enmascarador o inhibitorio, que suele ser un ruido continuo o una secuencia de tonos *burst* cortos.

El paciente manifestó que su acúfeno se suprimía completamente durante la inhibición sonora. Dado que el estímulo inhibidor era el mismo en todos los bloques, los cambios en la actividad cerebral en ausencia/presencia de la inhibición se atribuyeron al acúfeno. Con estos registros se identificaron tres subcircuitos separados del acúfeno:

1. Circuito impulsor del acúfeno: caracterizado por cambios extensos en la potencia de las ondas alfa (y theta/alfa) y la coherencia de las ondas delta, que representa la propagación de la señal del acúfeno en la banda delta y que podría ser la consecuencia de una entrada aberrante en el tálamo.
2. Circuito de la memoria del acúfeno: localizado en las áreas implicadas en la memoria auditiva (parahipocampal y

corteza parietal inferior), caracterizado por un incremento en la potencia de las ondas alfa (± theta) durante la supresión del acúfeno. Estos cambios son inversos a los vistos en el circuito impulsor del acúfeno y podrían asociarse con su memoria.

3. Circuito de percepción del acúfeno: caracterizado por cambios en la potencia de las ondas beta y gamma, asociadas con el procesado de la información. Este circuito representaría los cambios de codificación en tiempo real de la percepción del acúfeno, esto es, la actividad neural más estrechamente relacionada con la experiencia subjetiva del acúfeno.

Otros autores han documentado que la actividad neural aberrante en la zona tonotópica del área cortical AI está involucrada en la generación del acúfeno y en su modulación mediante inhibición residual. Se ha sugerido además que esta actividad aberrante puede afectar también al área cortical AII, donde no existe distribución tonotópica de las frecuencias, aunque los cambios neurales en esta área no están relacionados con la inhibición residual.

Evaluación subjetiva

Acufenometría

La acufenometría es el conjunto de medidas psicoacústicas que se realizan para evaluar las características sonoras del acúfeno (sonoridad, tono y contenido espectral) y los efectos de un ruido externo en el mismo (su nivel de enmascaramiento e inhibición residual, principalmente). Todos estos parámetros, en la práctica, se estiman mediante técnicas de ajuste, por lo tanto, son aproximaciones.

La sonoridad es el atributo más importante del acúfeno. Para medirla, se suele usar un sistema automatizado y calibrado. Se presenta al paciente un sonido (tono puro, generalmente) y se le pide que diga si percibe la intensidad de este sonido más alta o más baja que la de su acúfeno. El operador va variando el nivel del sonido hasta que su sonoridad y la del acúfeno se perciben igual. La sonoridad obtenida se expresa en dB SL (nivel de sensación: nivel por encima del umbral del individuo a esa frecuencia). Por lo general, la sonoridad del acúfeno suele ser pequeña, entre 5 y 10 dB SL. Resulta paradójico que niveles de sensación tan bajos puedan generar, en numeras ocasiones, un acúfeno muy molesto. Se piensa que puede ser debido al fenómeno conocido como reclutamiento de la sonoridad, que consiste en un crecimiento anormalmente alto de la sonoridad con la intensidad y que se da en personas con algún tipo de patología coclear. El ajuste de la sonoridad no tiene valor clínico para el diagnóstico del acúfeno ni para evaluar su severidad o determinar el mejor tratamiento. Se suele realizar, más bien, como parte del consejo terapéutico, del que se hablará en el capítulo 5.

Como se describió en el capítulo 3, la altura tonal del acúfeno (TP) se refiere a la frecuencia percibida (o frecuencia central del espectro del acúfeno) y se mide también por técnicas de ajuste variando la frecuencia de un tono hasta que el paciente lo perciba similar al de su acúfeno. En la figura 16 se muestra un ejemplo de la interfaz gráfica de usuario (GUI) utilizada por Cuesta y Cobo (2018). Generalmente, la altura tonal del acúfeno suele ser una frecuencia mayor de 3 kHz. Se ha demostrado también cierta relación entre la TP y el tipo de pérdida auditiva (HL):

- Los pacientes con HL conductiva tienen una TP media de 490 Hz.
- Los pacientes con HL neurosensorial tienen una TP media de 3900 Hz.

- Dentro de los pacientes con HL neurosensorial, los pacientes con enfermedad de Ménière tienen una TP media de 320 Hz.

Sin embargo, como el acúfeno tiene generalmente cierto ancho de banda, más que el tono del acúfeno, es preferible estimar su contenido espectral ajustando un sonido de banda ancha a la percepción del acúfeno. Por ejemplo, Cuesta y Cobo (2018) ajustaban el contenido espectral del acúfeno por medio de sonidos del tipo *hissing* (banda ancha), *ringing* (banda más estrecha) o tonos puros. En primer lugar, los pacientes elegían cuál de estos sonidos se parecía más a su acúfeno. A continuación, se variaba la frecuencia central y el ancho de banda (consecutivamente por encima y por debajo de su acúfeno) hasta que el paciente identificaba el contenido espectral que más se asemejaba a la percepción de su acúfeno. Cuando los pacientes referían percibir más de un sonido, se ejecutaba secuencialmente la GUI hasta que se identificaba el contenido espectral de cada uno de ellos.

Figura 16

Interfaz gráfica de usuario (GUI) utilizada para medir la TP del acúfeno.

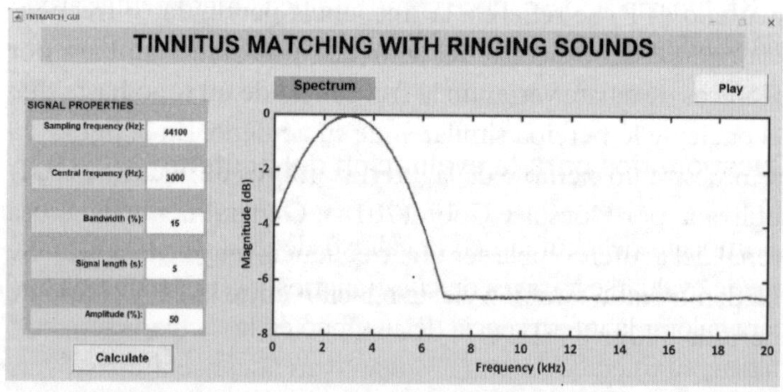

Fuente: Elaboración propia.

El nivel de enmascaramiento mínimo (MML) del acúfeno se refiere al nivel mínimo de un ruido de banda ancha requerido para inhibirlo. Según la base de datos de la OSHU el MML es de 6 dB SL para un 42% de sus pacientes y menor de 12 dB SL para un 70%. Así pues, el acúfeno se enmascara con niveles realmente bajos para gran parte de los pacientes.

Usualmente, se presenta un sonido (continuo o secuencial) en ambos oídos 10 dB por encima del MML del acúfeno que se quiere inhibir. 60 segundos después de que el acúfeno haya sido inhibido, se desconecta súbitamente el sonido enmascarador y se mide el tiempo que tarda en aparecer de nuevo el acúfeno. Aproximadamente un 80-90% de los pacientes experimenta inhibición residual (RI) (Henry, 2016). Se ha comprobado que el fenómeno de la RI suele ser repetitivo, es decir, se pueden reproducir las condiciones que producen RI en cada sujeto. Después de desconectar el sonido inhibidor, el acúfeno retorna generalmente a su nivel inicial en un tiempo relativamente breve (menos de un minuto para la mayor parte de los pacientes). No obstante, también puede ocurrir que el acúfeno se perciba más alto cuando vuelve a aparecer. En un porcentaje pequeño de pacientes, la inhibición puede durar entre 5 y 30 minutos. En muy pocos, el acúfeno puede desaparecer incluso durante días. A pesar del valor clínico potencial de la RI, todavía se desconoce cómo se puede incrementar sistemáticamente la RI de un paciente determinado.

Cuestionarios para la evaluación del acúfeno

El impacto del acúfeno en la calidad de vida de una persona puede evaluarse a través de cuestionarios y escalas. Se utilizan para valorar la interferencia del acúfeno en las actividades cotidianas, su interacción con el sueño o en la concentración, y la angustia o sufrimiento (distrés) que conlleva. Hasta el momento, la eficacia de un tratamiento para el acúfeno solo puede evaluarse también a través de cuestionarios, analizando las respuestas y su valoración a lo largo de toda la duración del mismo.

El paciente puede estimar la intensidad de la molestia de su acúfeno a través de una escala numérica, eligiendo un valor entre 1, si el acúfeno es muy leve o ligero, y 10, si es muy grave o intenso. Otras escalas varían entre 0 y 100, figura 17. Como se suelen presentar visualmente, se denominan escalas visuales analógicas (VAS). La gran ventaja de la escala VAS es que es fácil de usar, es rápida y se puede repetir fácilmente. Su principal inconveniente, sin embargo, es su limitación debido a que los resultados que ofrece son muy generales, por tanto, no permite discriminar entre los diferentes efectos del acúfeno. Estos efectos se tienen que analizar mediante cuestionarios.

Figura 17

Escala visual analógica (VAS).

Fuente: Elaboración propia.

Tabla 5

Algunos de los cuestionarios más usados para la evaluación del acúfeno.

CUESTIONARIO	CUESTIONES	OPCIONES DE RESPUESTA PARA CADA CUESTIÓN
Escala de severidad del acúfeno (TSS)	15	Cuatro: de 1 a 4
Escala de severidad del acúfeno subjetivo (STSS)	16	Dos: sí y no
Cuestionario del acúfeno (TQ)	52	Tres: verdadero, en parte, falso
Escala de discapacidad/soporte del acúfeno (TH/SS)	28	Cinco: de 0 a 4
Cuestionario de discapacidad del acúfeno (THQ)	27	Escala entre 0 y 100
Índice de incapacidad del acúfeno (THI)	25	Tres: sí, a veces, no
Cuestionario de reacción al acúfeno (TRQ)	26	Cinco: de 0 a 4
Cuestionario de estilo de manejo del acúfeno (TCSQ)	33	Siete: de 1 (nunca) a 7 (siempre)
Índice funcional del acúfeno (TFI)	25	Once: de 0 a 10

Fuente: Modificada de la tabla 47.4 de Langguth *et al.* (2011).

En los últimos años ha surgido una gran variedad de cuestionarios para evaluar la incapacidad, hándicap o angustia del paciente de acúfeno. Su resultado es la calificación de la severidad del acúfeno y se obtiene sumando la puntuación asignada a cada una de las respuestas del paciente. Aunque los cuestionarios son todos diferentes, hay muchas cuestiones que se solapan, por lo que hay una fuerte correlación entre las puntuaciones proporcionadas por todos. La tabla 5 resume los cuestionarios más usados (Langguth *et al.*, 2011). Merecen especial atención el inventario de incapacidad del acúfeno (THI) y el índice funcional del acúfeno (TFI).

El THI consta de 25 cuestiones repartidas en tres subescalas:

- La subescala funcional (13 cuestiones) evalúa la repercusión del acúfeno en las actividades cotidianas: incapacitación mental (dificultad para concentrarse o leer), incapacitación sociolaboral (actos sociales, tareas domésticas o trabajo) e incapacitación física (dificultad de audición, trastornos del sueño).
- La subescala emocional (siete cuestiones) estima aspectos afectivos como la frustración, tristeza, inseguridad, depresión, ansiedad o tensiones familiares.
- Por último, la subescala catastrófica (cinco cuestiones) valora el nivel de desesperación del paciente y su incapacidad para solucionar el problema.

El THI es el índice más utilizado en la práctica y ha sido traducido a la mayoría de los idiomas. La validación al español (figura 18) fue realizada por Herráiz *et al.* (2001). En la numeración de las cuestiones (primera columna) se añade F, E o C en función de que pertenezcan a la escala funcional, emocional o catastrófica. El THI permite elegir entre tres respuestas: sí, a veces y no. La puntuación de cada respuesta varía entre 0 (no), 2 (a veces) y 4 (sí). La puntuación final, por tanto, varía entre 0 (el acúfeno no interfiere con el paciente) y 100 (incapacidad máxima). El THI clasifica, así, la gravedad del acúfeno:

- THI < 16: no produce incapacidad.
- 18 ≤ THI < 36: produce incapacidad leve.
- 38 ≤ THI < 56: produce incapacidad moderada.
- 58 ≤ THI < 76: produce incapacidad grave.
- THI ≥ 78: produce incapacidad catastrófica.

FIGURA 18

Cuestionario para el índice de discapacidad del acúfeno (THI).

	CUESTIÓN	SÍ	A VECES	NO
1F	¿Le resulta difícil concentrarse por culpa de su acúfeno?			
2F	Debido a la intensidad del acúfeno ¿le cuesta oír a los demás?			
3F	¿Se enoja a causa de su acúfeno?			
4F	¿Le produce confusión su acúfeno?			
5C	¿Se encuentra desesperado por tener el acúfeno?			
6E	¿Se queja mucho por tener su acúfeno?			
7F	¿Tiene problemas para conciliar el sueño por su acúfeno?			
8C	¿Cree que su problema de acúfenos es irresoluble?			
9F	¿Interfiere su acúfeno en su vida social (salir a cenar, al cine)?			
10E	¿Se siente frustrado por su acúfeno?			
11C	¿Cree que tiene una enfermedad incurable?			
12F	¿Su acúfeno le impide disfrutar de la vida?			
13F	¿Interfiere su acúfeno en su trabajo o tareas del hogar?			
14F	¿Se siente a menudo irritable por culpa de su acúfeno?			
15F	¿Tiene dificultades para leer por culpa de su acúfeno?			
16E	¿Se encuentra usted triste debido a su acúfeno?			
17E	¿Cree que su acúfeno le crea tensiones o interfiere en su relación con la familia o amigos?			
18F	¿Es difícil para usted fijar su atención en cosas distintas a su acúfeno?			
19C	¿Cree que su acúfeno es incontrolable?			
20F	¿Se siente a menudo cansado por culpa de su acúfeno?			
21E	¿Se siente deprimido por culpa de su acúfeno?			

CUESTIÓN	SÍ	A VECES	NO
22E ¿Se siente ansioso por culpa de su acúfeno?			
23C ¿Cree que su problema de acúfenos le desborda?			
24F ¿Empeora su acúfeno cuando tiene estrés?			
25E ¿Se siente usted inseguro por culpa de su acúfeno?			
PUNTUACIÓN FINAL			

FUENTE: HERRÁIZ *ET AL.* (2001).

Como se verá en el capítulo siguiente, una de las principales utilidades de estos cuestionarios es evaluar la eficiencia de los tratamientos del acúfeno. En 2012 se propuso un nuevo cuestionario, el índice funcional del acúfeno (TFI), capaz de detectar los cambios experimentados por los pacientes a lo largo de un tratamiento. Se ha traducido ya a 14 idiomas, incluido el español (figura 19). El TFI analiza diez dominios específicos de impactos negativos del acúfeno, evita cuestiones excesivamente negativas, no usa cuestiones que hagan referencia únicamente a la HL (y no al acúfeno) o que pertenezcan a más de un dominio y usa escalas tipo Likert (escala psicométrica usada frecuentemente en encuestas, principalmente en ciencias sociales), que proporcionan una resolución mejor de las respuestas (Henry *et al.*, 2016). Al igual que el THI, el TFI consta de 25 cuestiones repartidas en ocho escalas de la siguiente manera: intrusiva (tres cuestiones), de control (tres), cognitiva (tres), del sueño (tres), auditiva (tres), de relajación (tres), de calidad (cuatro) y emocional (tres). La escala de respuestas a estas cuestiones varía entre 0 y 10. Sumando las respuestas a las 25 cuestiones, dividiendo por 25 y multiplicando por 10 se obtiene la puntuación final del TFI, que varía por tanto entre 0 y 100. En función del TFI, el acúfeno se clasifica como:

- TFI ≤ 16: leve (no supone un problema).
- 18 ≤ TFI ≤ 31: ligero (supone un problema pequeño).

- 32 ≤ TFI ≤ 53: moderado (produce un problema moderado).
- 54 ≤ TFI ≤ 72: grave (produce un problema grande).
- TFI ≥ 73: muy grave (produce un problema muy grande).

Los autores han comparado recientemente la capacidad de los cuestionarios THI y TFI en la evaluación de la gravedad del acúfeno al inicio y final de una terapia sonora EAE de cuatro meses en una muestra de 37 pacientes (Fernández *et al.*, 2022). Se ha confirmado que ambos cuestionarios son adecuados para la evaluación basal y para detectar los cambios relacionados con el tratamiento. El THI proporcionó una caída de la puntuación ligeramente mayor que el TFI tras el tratamiento, aunque el TFI presentaba una mejor resolución. Estos y otros aspectos relacionados con el tratamiento del acúfeno se comentarán en el siguiente capítulo.

Figura 19

Cuestionario para el índice de funcionalidad del acúfeno (TFI).

Fecha de hoy ________________ Su nombre - ________________

Mes / Día / Año — *Por favor use letra tipo imprenta*

Por favor lea cada pregunta a continuación con cuidado. Para responder a las preguntas seleccione UNO de los números que se mencionan para cada pregunta y dibuje un CÍRCULO de esta manera: (10)% o (1).

I — Durante la SEMANA PASADA

1. ¿Qué porcentaje del tiempo pensó y se **DIO CUENTA** de su tinnitus cuando estaba despierto?
Nunca consciente ▶ 0% 10% 20% 30% 40% 50% 60% 70% 80% 90% 100% ◀ Siempre consciente

2. ¿Qué tan **FUERTE** o **INTENSO** fue su tinnitus?
Nada fuerte ni intenso ▶ 0 1 2 3 4 5 6 7 8 9 10 ◀ Extremadamente fuerte e intenso

3. ¿Qué porcentaje del tiempo le **MOLESTÓ** su tinnitus cuando estaba despierto?
Ninguna vez ▶ 0% 10% 20% 30% 40% 50% 60% 70% 80% 90% 100% ◀ Todo el tiempo

SC — Durante la SEMANA PASADA

4. ¿Se sintió **EN CONTROL** en cuanto a su tinnitus?
Muy en control ▶ 0 1 2 3 4 5 6 7 8 9 10 ◀ Nunca en control

5. ¿Qué tan fácil fue **SOBRELLEVAR** su tinnitus?
Muy fácil de sobrellevar ▶ 0 1 2 3 4 5 6 7 8 9 10 ◀ Imposible de sobrellevar

6. ¿Qué tan fácil fue **IGNORAR** su tinnitus?
Muy fácil de ignorar ▶ 0 1 2 3 4 5 6 7 8 9 10 ◀ Imposible de ignorar

C — Durante la SEMANA PASADA

7. ¿Qué tanto interfirió su tinnitus con su habilidad para **CONCENTRARSE**?
No interfirió ▶ 0 1 2 3 4 5 6 7 8 9 10 ◀ Interfirió completamente

8. ¿Qué tanto interfirió su tinnitus con su habilidad para **PENSAR CON CLARIDAD**?
No interfirió ▶ 0 1 2 3 4 5 6 7 8 9 10 ◀ Interfirió completamente

9. ¿Qué tanto interfirió su tinnitus con su habilidad para **ENFOCAR SU ATENCIÓN** en otras cosas?
No interfirió ▶ 0 1 2 3 4 5 6 7 8 9 10 ◀ Interfirió completamente

SL — Durante la SEMANA PASADA

10. ¿Con qué frecuencia le fue difícil **DORMIR** o **PERMANECER DESPIERTO** debido a su tinnitus?
Nunca le fue difícil ▶ 0 1 2 3 4 5 6 7 8 9 10 ◀ Siempre le fue difícil

11. ¿Debido a su tinnitus qué tan difícil le fue **PODER DORMIR TANTO** como lo necesitaba?
Nunca le fue difícil ▶ 0 1 2 3 4 5 6 7 8 9 10 ◀ Siempre le fue difícil

12. ¿Qué tanto tiempo dejó de **DORMIR** tan **PROFUNDA** o **TRANQUILAMENTE** como le habría gustado debido a su tinnitus?
Nada de tiempo ▶ 0 1 2 3 4 5 6 7 8 9 10 ◀ Todo el tiempo

Por favor lea cada pregunta a continuación con cuidado. Para responder a las preguntas seleccione UNO de los números que se mencionan para cada pregunta y dibuje un CÍRCULO de esta manera: (10%) o (1.)

A	**Durante la SEMANA PASADA, ¿qué tanto ha interferido su tinnitus con...**	No interfirió ▼										Interfirió por completo ▼
	13. … su habilidad para **ESCUCHAR CON CLARIDAD**?	0	1	2	3	4	5	6	7	8	9	10
	14. … su habilidad para **ENTENDER A LAS PERSONAS** que estaban hablando?	0	1	2	3	4	5	6	7	8	9	10
	15. … su habilidad para **SEGUIR CONVERSACIONES** en grupo o en reuniones?	0	1	2	3	4	5	6	7	8	9	10

R	**Durante la SEMANA PASADA, ¿qué tanto ha interferido su tinnitus con...**	No interfirió ▼										Interfirió por completo ▼
	16. … sus **ACTIVIDADES PARA DESCANSAR EN SILENCIO**?	0	1	2	3	4	5	6	7	8	9	10
	17. … su habilidad para **RELAJARSE**?	0	1	2	3	4	5	6	7	8	9	10
	18. … su habilidad para disfrutar la **“PAZ Y**	0	1	2	3	4	5	6	7	8	9	10

Q	**Durante la SEMANA PASADA, ¿qué tanto ha interferido su tinnitus con...**	No interfirió ▼										Interfirió por completo ▼
	19. … su habilidad para disfrutar **ACTIVIDADES SOCIALES**?	0	1	2	3	4	5	6	7	8	9	10
	20. … su habilidad para **DISFRUTAR DE LA VIDA**?	0	1	2	3	4	5	6	7	8	9	10
	21. … la manera en que se **RELACIONA** con su familia, amistades y otras personas?	0	1	2	3	4	5	6	7	8	9	10

22. ¿Con qué frecuencia su tinnitus le causó dificultad para desempeñar su **TRABAJO U OTRAS TAREAS** tales como el mantenimiento en el hogar, el trabajo escolar o el cuidar de los niños o de otras personas?

Nunca tuvo dificultad ▶ 0 1 2 3 4 5 6 7 8 9 10 ◀ Siempre tuvo dificultad

E | Durante la SEMANA PASADA

23. ¿Qué tan **ANSIOSO** o **PREOCUPADO** le ha hecho sentir su tinnitus?
Nada ansioso o preocupado ▶ 0 1 2 3 4 5 6 7 8 9 10 ◀ Extremadamente ansioso o preocupado

24. ¿Qué tan **MOLESTO** o **ENOJADO** ha estado debido a su tinnitus?
Nada molesto o enojado ▶ 0 1 2 3 4 5 6 7 8 9 10 ◀ Extremadamente molesto o enojado

25. ¿Qué tan **DEPRIMIDO** estuvo debido a su tinnitus?
Nada deprimido ▶ 0 1 2 3 4 5 6 7 8 9 10 ◀ Extremadamente deprimido

Fuente: Universidad de Ciencias y de la Salud de Oregón (OSHU).

CAPÍTULO 5

Tratamientos del acúfeno

Ya se ha comentado en otros capítulos que, a día de hoy, no existe un fármaco que erradique por completo, es decir, que cure, el acúfeno. De hecho, esta es la respuesta más frecuente que reciben los pacientes de acúfeno cuando acuden a los servicios de salud primaria y especializada. En muchos casos, estos especialistas recomiendan como única solución que los pacientes se acostumbren a su acúfeno. Muchos de estos pacientes siguen esta recomendación, no les prestan mayor atención a su acúfeno y conviven perfectamente con él. Se puede decir que estos pacientes sufren de un acúfeno compensado. Otros, sin embargo, son incapaces de habituarse a su acúfeno por sí mismos, iniciándose el proceso antes descrito de exacerbación entre sus sistemas auditivo y límbico, lo que da lugar al distrés asociado. Para estos pacientes con acúfeno descompensado existen tratamientos para reducir su distrés, como los que se describen a continuación.

Antes de nada, hay que enfatizar que el hecho de que no exista una cura para el acúfeno no quiere decir que no se haya buscado. Muchos de los fármacos usados sin éxito para el acúfeno tratan de restaurar la transmisión de los impulsos neurales de la vía auditiva que se ha alterado por los mecanismos de compensación plástica ya mencionados en el capítulo 2. En esencia, la propagación de estos impulsos en las fibras nerviosas consiste en una hiperpolarización/despolarización de la membrana por efecto de la entrada/salida de iones de sodio, calcio y potasio. En las sinapsis entre neuronas, que son discontinuas, estos impulsos tienen que saltar desde la neurona presináptica a la postsináptica, para lo que necesitan la acción de los neurotransmisores. Los neurotransmisores más involucrados en la transmisión del impulso neural asociado al sonido a través de las sinapsis son el glutamato (presináptico), el NMDA (postsináptico), y el GABA. El glutamato y el NMDA son excitatorios, lo que significa que tienden a incrementar la tasa de disparos y, por tanto, a subir el volumen del sonido. El GABA es inhibitorio, por lo que tiende a reducir la tasa de disparos y, por consiguiente, a bajar el volumen del sonido. En un sujeto con un sistema auditivo normal, la transmisión de estos impulsos neurales es un proceso altamente regulado y el sonido captado en la periferia se propaga a través de la vía auditiva neural hasta llegar a la corteza donde es percibido. En un paciente de acúfenos, la transmisión de estos impulsos se ve alterada por los mecanismos de compensación plástica.

Ya que el acúfeno consiste en una descompensación de la función excitatoria/inhibitoria en las sinapsis de la vía auditiva, se han intentado usar fármacos que tratan de inhibir esta hiperactividad. Algunos de estos fármacos han sido desarrollados para otros trastornos, tales como antagonistas o bloqueadores del NMDA, agonistas o moduladores del GABA, moduladores de los canales de sodio, calcio y potasio, o incluso inhibidores de la serotonina o bloqueadores de los receptores de dopamina (Salvi, Lobarinas y Sun, 2009). Estos fármacos se utilizan usualmente en el tratamiento de las arritmias, la ansiedad, la depresión, el dolor idiopático o para los trastornos convulsivos. No existe evidencia de que estos fármacos curen el acúfeno (aunque los ansiolíticos y los antidepresivos pueden ayudar a reducir la ansiedad y la depresión cuando estas cursan con él). Otros suplementos, como el *Ginkgo biloba*, la melatonina, el cinc o el magnesio, usualmente prescritos para el tratamiento del acúfeno, tampoco han demostrado ninguna eficacia más allá del efecto placebo.

Se han desarrollado incluso fármacos específicos para el tratamiento del acúfeno basados en moléculas antagonistas del receptor NMDA. Aunque algunos de ellos son todavía objeto de ensayos clínicos, se puede afirmar que, a día de hoy, no existe ningún fármaco aprobado por ninguna agencia del medicamento para el tratamiento del acúfeno. A pesar de los esfuerzos realizados hasta la fecha, existen diversas razones que pueden ayudar a comprender la ausencia de un fármaco específico. Entre otras:

- Su gran complejidad. La vía auditiva neural contiene ciento de miles de neuronas y millones de conexiones sinápticas. Aunque se sabe que el acúfeno es una alteración de la vía auditiva neural por algún mecanismo de compensación plástica, no se conoce el sitio específico donde ocurre. Hay acúfenos que se perciben más cerca del sistema auditivo periférico y otros más corticales.
- Heterogeneidad del acúfeno. Hay múltiples causas que pueden originar un acúfeno: pérdidas auditivas conductivas (otitis, tubaritis, otoesclerosis), neurosensoriales (por envejecimiento o sobreexposición a ruido, sordera súbita) o retrococleares (neurinoma); problemas vestibulares (Meniérè, dehiscencia del canal, laberintitis), dolor crónico, problemas psiquiátricos (estrés traumático, ansiedad, depresión), trastornos somatosensoriales (articulación temporomandibular, trastornos cervicales) o postraumáticos (barotrauma, traumas en la cabeza).
- Ausencia de una prueba diagnóstica objetiva. A día de hoy no existe ningún biomarcador, ninguna prueba

de imagen, que nos permita diagnosticar ni el origen ni la causa del acúfeno.

A pesar de que no existe ningún fármaco que cure el acúfeno, existen muchos tratamientos para reducir su sufrimiento emocional. Ya que la severidad del distrés asociado al acúfeno se mide con cuestionarios, como los descritos en el capítulo 4 (por ejemplo, THI o TFI), estos tratamientos van dirigidos a reducir la puntuación de estos cuestionarios. Se pueden distinguir esencialmente tres tipos de tratamientos:

1. Tratamientos de apoyo psicológico: fundados en un modelo cognitivo del acúfeno (Cima *et al.*, 2019), según el cual la percepción distorsionada de la señal del acúfeno contribuye a una realimentación que exacerba los pensamientos negativos y el distrés. La evaluación negativa de esta señal hace que el sujeto lo perciba como una amenaza para su salud, lo que reduce su capacidad para manejarlo. Un ejemplo de este tipo de tratamientos de base psicológica es la terapia cognitiva conductual (CBT).
2. Terapias sonoras: basadas en la estimulación apropiada de la vía auditiva con algún tipo de sonido para ayudar a reducir el impacto del acúfeno en la calidad de vida del paciente (Pienkowski, 2019).
3. Tratamientos compuestos por los dos anteriores: basados en el modelo neurofisiológico del acúfeno, que combina el consejo terapéutico, para eliminar la realimentación entre los sistemas auditivo y límbico asociada al acúfeno y habituarse a su molestia, con la terapia sonora, cuyo objetivo es reducir la hiperactividad neural asociada en la vía auditiva neural, para habituarse a su percepción (Jastreboff, 2015). Ejemplos de este tipo de tratamientos son la terapia de reentrenamiento del acúfeno (TRT) y el ambiente acústico enriquecido (EAE).

Terapia cognitiva conductual (CBT)

La CBT se aplica generalmente por psicólogos clínicos y su objetivo es mejorar la calidad de vida de las personas con acúfeno. Está basada en la consideración del distrés como una consecuencia de un mal procesamiento de la información, la reactividad emocional y los correspondientes mecanismos conductuales. Ya que los pensamientos, emociones y comportamientos se afectan mutuamente, cualquier cambio en uno de ellos tendrá un efecto en los otros. Por consiguiente, la CBT trata de cambiar los pensamientos y los comportamientos de los pacientes de acúfenos para reducir en última instancia las reacciones emocionales a ellos, mejorando de este modo su calidad de vida (Henry, 2023).

Como su propio nombre indica, la CBT tiene una componente cognitiva y otra conductual. El objetivo de la componente cognitiva es identificar los pensamientos negativos del paciente y reemplazarlos por otros que le ayuden a gestionar mejor las reacciones a los acúfenos. La intención de la componente conductual es aprender y entrenar técnicas de autogestión de sus efectos. La CBT se focaliza en diferentes áreas, como la reestructuración cognitiva, para cambiar los pensamientos acerca del acúfeno, las actividades de distracción, las técnicas de relajación y de mejora del sueño y de la salud, y la educación acerca del funcionamiento del sistema auditivo.

Terapia de reentrenamiento del acúfeno (TRT)

La TRT está basada en el modelo neurofisiológico del acúfeno de la figura 20. Este modelo asume que la señal del acúfeno se produce en la vía auditiva neural como consecuencia de algún déficit de funcionamiento en el sistema auditivo periférico. Pero en el cerebro todos dos sistemas están interconectados. Las dos conexiones del sistema auditivo más relevantes para el acúfeno son las que se producen con el sistema límbico, a nivel del cerebro medio, y con el sistema nervioso autónomo, a nivel de la corteza cerebral. La conexión con el sistema límbico es la responsable de las reacciones emocionales negativas (el distrés) asociadas con el acúfeno. Cuando esta conexión se intensifica, es cuando el acúfeno se descompensa y aparecen las típicas comorbilidades emocionales del acúfeno (estrés, ansiedad y depresión). La conexión del sistema auditivo con el sistema nervioso autónomo es la responsable de otras reacciones usuales en pacientes de acúfenos tales como problemas de concentración, insomnio o irritabilidad.

El objetivo final la TRT es reducir el impacto negativo del acúfeno en la vida del paciente y mediante la habituación a las reacciones emocionales asociadas a la conexión entre los sistemas límbico y nervioso autónomo (H_R y H_E) y a la percepción del acúfeno (H_P) (véase la figura 20).

Figura 20

Modelo neurofisiológico de Jastreboff.

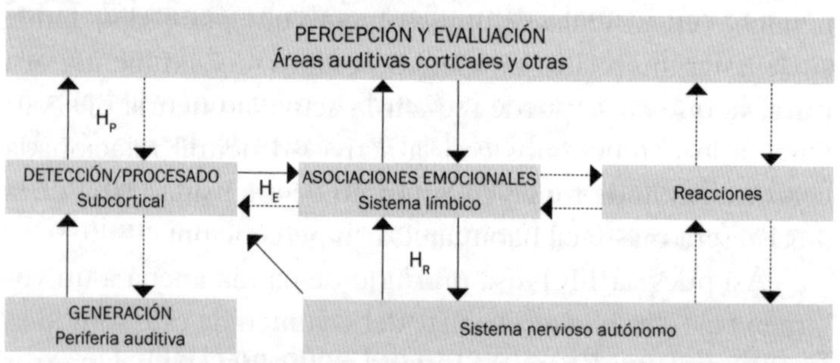

Fuente: Modificado de la figura 1 de Jastreboff (2015).

En la práctica, la TRT consta de consejo terapéutico y terapia sonora. El consejo terapéutico trata de reducir los efectos emocionales (H_E) y las reacciones negativas (H_R) del acúfeno explicándole al paciente los mecanismos que subyacen en su generación. Actúa disminuyendo la realimentación entre sistema auditivo neural y los sistemas límbico y autónomo, facilitando de este modo la habituación a su molestia. La terapia sonora va dirigida a modificar el procesado del sonido en la vía neural promoviendo la habituación a la percepción de la señal del acúfeno (H_p).

La TRT usa un ruido de banda ancha de volumen bajo en la banda de frecuencias audible. Este ruido de banda ancha proporciona al sistema auditivo un estímulo sonoro de nivel bajo para conseguir:

- Reducir el contraste entre la actividad de fondo y la actividad neural relacionada con el acúfeno.
- Interferir con la detección de la señal del acúfeno.
- Reducir la ganancia patológica dentro de la vía auditiva debida al acúfeno.

La percepción del acúfeno depende mucho de la diferencia entre la señal (el propio acúfeno) y el ruido de fondo (el ruido ambiente). El acúfeno se percibe más fuerte durante la noche (en ausencia de otros sonidos) que por el día, donde suele estar mezclado con otros sonidos del ambiente. Así pues, ya que no se puede reducir la actividad neural del acúfeno, si lo combinamos con la actividad neural relacionada con otro ruido de fondo (el estímulo de intensidad baja de la TRT), será más fácil habituarse a su percepción.

Así pues, la TRT usa un ruido de banda ancha a un volumen bajo. De hecho, el ajuste del volumen de este sonido es muy importante y hay que hacerlo para cada sujeto. Un error muy frecuente es oír este sonido a un volumen tal que tape (o enmascare) su propio acúfeno. Esto es contraproducente, puesto que para habituar el sistema auditivo al acúfeno es necesario percibirlo. El volumen de reproducción correcto del estímulo de la TRT es justo por debajo de lo que se denomina punto de mezcla (véase la figura 21). Si el volumen del sonido es tan alto que enmascara al acúfeno, este deja de percibirse y no se produce la habituación. Si el volumen del sonido es demasiado bajo, se reduce la eficiencia de la terapia. El volumen correcto es cuando se perciben simultáneamente el acúfeno y el sonido de la TRT aproximadamente al mismo volumen.

Figura 21

Punto de mezcla para el ajuste del volumen de reproducción del sonido de la TRT.

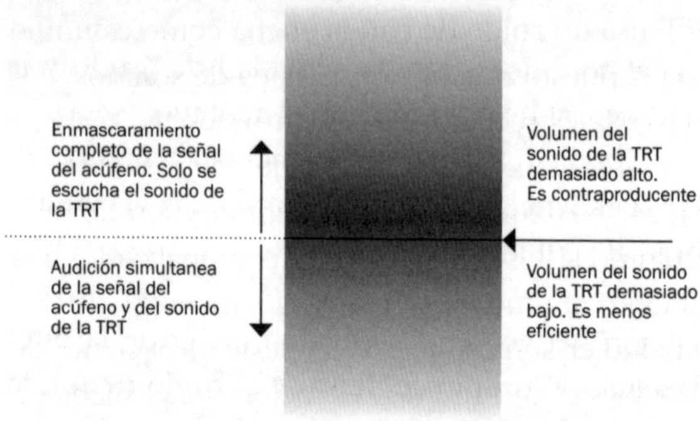

Fuente: Elaboración propia.

El tiempo de exposición y la duración de la TRT son también dos parámetros importantes. En general, se requiere un periodo de tiempo largo para la reducción gradual del acúfeno, ya que las reacciones inducidas están regidas por el principio del reflejo condicionado. Típicamente, la terapia sonora asociada a la TRT se aplica durante 1-4 horas al día a lo largo de 12-18 meses. Según Jastreboff (2015), si la TRT se lleva a cabo correctamente, puede producir algún tipo de beneficio en el 80% de los pacientes de acúfenos.

Existen dos aspectos importantes de la TRT:

1. Es una terapia no personalizada, ya que usa el mismo sonido (un ruido de banda ancha) para todos los pacientes de acúfenos.

2. Se puede aplicar para cualquier tipo o etiología de acúfeno, ya que está basada en la habituación a su percepción y sus reacciones, independientemente del tipo de acúfeno (tonal, *ringing* o *hissing*) o de la causa que lo produzca.

Ambiente acústico enriquecido (EAE)

Aunque la TRT usa un ruido de banda ancha como estímulo sonoro, se han propuesto muchos otros tipos de sonidos, como ruidos de banda estrecha, música con muescas, secuencias de tonos o sonidos naturales (canto de pájaros, cascada de agua, lluvia, etc.). Algunos de estos estímulos son de propósito general, como la TRT, y otros están personalizados a la curva de audición o al tono del acúfeno (Pienkowski, 2018). En realidad, cualquier sonido que no moleste al paciente de acúfenos o dañe su sistema auditivo es mejor que el silencio.

Una manera de personalizar la terapia sonora sería filtrar el ruido de banda ancha de la TRT por las curvas de pérdida de audición (audiometrías) del paciente. Este ruido de banda ancha filtrado tendría más energía en las frecuencias con mayor pérdida auditiva y menos donde la audición es mejor. Se trataría, por tanto, de un ruido de banda ancha ecualizado por las curvas de pérdidas. De hecho, Schaette y Kempter (2006) ya demostraron, usando un modelo computacional de una fibra nerviosa del nervio auditivo, que un ruido tal era el ideal para revertir la hiperactividad en dicha fibra nerviosa producida por plasticidad homeostática (una de los mecanismos de generación del acúfeno). El modelo permitía estudiar el efecto de la plasticidad homeostática en la fibra nerviosa en respuesta a un déficit de entrada auditiva, por ejemplo, una pérdida auditiva (HL) en la periferia. Se demostró que la fibra nerviosa incrementaba tanto su tasa de disparos como su ganancia (hiperactividad) para compensar dicho déficit, dando lugar a la aparición de un acúfeno a la frecuencia de sintonización de la fibra. Cuando se estimulaba dicha fibra nerviosa con un ruido filtrado con la curva HL, se revertía el acúfeno. Este ruido de banda ancha filtrado por las curvas HL es uno de los estímulos de una nueva terapia propuesta por el grupo de acúfenos del ITEFI, denominada ambiente acústico enriquecido (EAE) (Cobo, Cuesta y Colina, 2021).

Además de este estímulo continuo, la terapia EAE permite el diseño de otros tres estímulos secuenciales. El primero de ellos es una secuencia de tonos *pip* y tiene su origen en un modelo animal de acúfeno publicado por Noreña y Eggermont (2005). En este experimento, se indujeron acúfenos en un grupo de gatos exponiéndolos a un ruido traumático, lo que modificó significativamente su mapa tonotópico cortical. Después se expuso estos gatos a un ambiente acústico enriquecido, lo que restauró su mapa tonotópico cortical. El EAE consistió en una secuencia de tonos *pip* de frecuencias aleatorias dentro de la banda de audición de estos gatos, presentados a un nivel de 80 dB SPL. Así pues, este EAE secuencial fue capaz de revertir la reorganización del mapa tonotópico inducida por el ruido traumático, otro de los mecanismos de generación del acúfeno. En la terapia EAE implementada en el ITEFI se usa una secuencia similar de tonos *pip*, pero con la diferencia de que la amplitud de estos tonos es proporcional al valor de la HL a cada frecuencia.

El segundo de estos estímulos secuenciales consiste en una serie tonos *burst* y está inspirado en un trabajo de Noreña y Chery-Croze (2007). Cada tono *burst* es una onda senoidal a la frecuencia del tono pasada a través de una ventana temporal de duración corta, con una amplitud proporcional al valor de la HL a esa frecuencia. Estos autores usaron esta secuencia de tonos *burst* para reducir la hipersensibilidad de unos pacientes a los sonidos de intensidad alta (hiperacusia). La secuencia de tonos *burst* es una variante de la secuencia de tonos *pip* usada por Noreña y Eggermont en sus ensayos auditivos con animales de laboratorio.

El tercero de estos estímulos discontinuos consiste en una serie de tonos gamma. El espectro de los tonos gamma son los filtros gamma, utilizados usualmente en procesado auditivo. Cada filtro gamma, a una frecuencia dada, corresponde a un filtro auditivo humano con un ancho de banda equivalente igual a la banda crítica del sistema auditivo a esa frecuencia. Por tanto, un filtro gamma a una frecuencia determinada aproxima muy bien la curva de respuesta de la membrana basilar a dicha frecuencia. Es por esto por lo que en modelos del movimiento de la membrana basilar se usa un banco de filtros gamma a unas frecuencias determinadas (por ejemplo, las frecuencias centrales de las bandas de octava). La contraparte en el dominio del tiempo de un filtro gamma a una determinada frecuencia es un tono gamma a esa frecuencia. Por consiguiente, cuando usamos una secuencia de tonos gamma en la terapia EAE, estamos estimulando la vía auditiva de la manera más selectiva posible.

Por tanto, la terapia EAE secuencial usada en el tratamiento del acúfeno consiste en una serie de tonos (*burst*, *pip* o gamma) de frecuencia aleatoria dentro de la banda de frecuencias de audición y de amplitud proporcional al valor de la HL del paciente a dicha frecuencia. La descripción matemática de estos tonos *pip*, *burst* o gamma se puede encontrar en Cuesta y Cobo (2024). Una EAE determinada estimula aleatoriamente diferentes partes del sistema auditivo con amplitud proporcional a la HL a cada frecuencia. En otras palabras, si el déficit auditivo (la HL) es el responsable de la aparición del acúfeno por un mecanismo de plasticidad aberrante, al estimular el sistema periférico con el filtro inverso correspondiente, estamos compensando la causa que ha dado lugar al acúfeno, por lo que esperamos que su severidad se reduzca poco a poco.

Para facilitar el diseño de esta terapia, se puede usar una interfaz gráfica de usuario (GUI) como la de la figura 22. En esta interfaz se introducen los valores de las HL de los oídos izquierdo y derecho del paciente (esquina superior izquierda) a las frecuencias que se suelen medir en audiometría clínica. Las curvas HL de ambos oídos se dibujan después en la parte inferior izquierda de la GUI. También se puede elegir el tipo de estímulo (tono *burst*, *pip*, gamma o ruido de banda ancha), así como los parámetros temporales que lo caracterizan (zona central izquierda de la GUI). Una vez elegido el tipo de estímulo, se calculan y se dibujan las secuencias para cada oído en el lado derecho de la interfaz, las cuales se pueden reproducir por su sistema de audio, para que el paciente las escuche y manifieste su conformidad con las mismas. Como paso final, se puede guardar el estímulo en formato de audio estereofónico fácilmente reproducible con el sistema de que disponga el paciente.

Figura 22

Interfaz gráfica de usuario para el diseño del estímulo EAE.

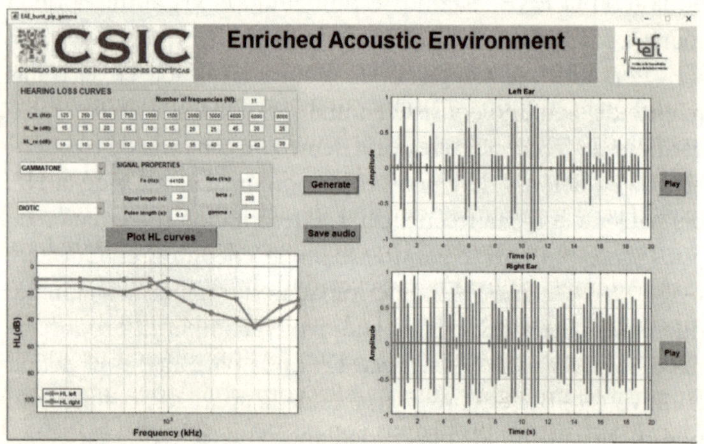

Fuente: Elaboración propia.

Estudio clínico EAE

El tratamiento EAE se está aplicando actualmente en un estudio clínico aprobado por el Comité de Ética del CSIC (código interno 004/2022). Los pacientes de acúfeno que cumplen los criterios de selección de la tabla 6 ingresan en el estudio después de firmar un consentimiento informado.

Tabla 6

Criterios de inclusión y exclusión del estudio.

CRITERIOS DE INCLUSIÓN	CRITERIOS DE EXCLUSIÓN
Acúfeno subjetivo causado por HL	Acúfenos objetivos o pulsátiles
Acúfeno de cualquier etiología no asociados a vértigo	Asociados a hidropesía endolinfática o hidrocefalia
	No disponibilidad ni predisposición a seguir la terapia
Tratamientos estándar previos (TRT, generadores de ruido, etc.) sin éxito	Vinculación directa con la investigación o con el grupo de investigación
Disponibilidad y predisposición a seguir la terapia	
Pacientes mayores de 18 años y menores de 75 años	

Fuente: Elaboración propia.

Los participantes que cumplen estos criterios de selección son sometidos a una evaluación inicial en una audiometría de ambos oídos a las frecuencias de 125 Hz, 250 Hz, 500 Hz, 750 Hz, 1 kHz, 1,5 kHz, 2 kHz, 3 kHz, 4 kHz, 6 kHz y 8 kHz, y a un ajuste del tipo de acúfeno (tonal, *ringing* o *hissing*) y de su espectro (frecuencia central y ancho de banda). Además, se evalúa la severidad de su acúfeno a través de cuestionarios (THI y TFI), su lateralización (oído izquierdo, derecho o ambos), su fecha aproximada de inicio, su posible etiología y sus posibles comorbilidades (ansiedad, depresión, estrés, problemas con el sueño, etc.). En la historia clínica de los participantes se recoge información acerca de los especialistas que han visitado, los medicamentos que han tomado, los tratamientos previos que han realizado y el tipo de personalidad que tienen (perfeccionista, ansioso, obsesivo, rumiante, etc.).

El tratamiento consiste en una única sesión inicial de consejo terapéutico y una terapia sonora con alguno de los cuatro estímulos EAE. El consejo terapéutico consta de una presentación en la que se explica a los participantes el funcionamiento del sistema auditivo, los mecanismos de generación del acúfeno, su epidemiología y etiología, y el modelo neurofisiológico del acúfeno. A continuación, se les informa de los posibles tratamientos y de los fundamentos de las terapias sonoras. Posteriormente, se les presentan los tipos de estímulos EAE (secuenciales y continuos) y se les pide que elijan uno basándose exclusivamente en su sensación de confort. En esta sesión, con el objeto de no crear falsas expectativas, es muy importante que los participantes entiendan que el tratamiento EAE se realiza para reducir el distrés asociado al acúfeno y no para curarlo.

Finalmente, se entrega al participante el estímulo EAE elegido por él en formato de audio estéreo para que lo escuche con las siguientes recomendaciones:

- Debe oírse una hora al día durante cuatro meses.
- Cada día debe ajustar el volumen de reproducción justo por debajo del volumen de su acúfeno (punto de mezcla).
- Ya que el estímulo EAE se presenta en formato estéreo, es necesario reproducirlo con la ayuda de unos buenos auriculares que respeten la orientación (izquierda-derecha) del sonido.
- Se debe simultanear la escucha del estímulo EAE con cualquier otra actividad que ayude al participante a evitar la atención sobre su acúfeno (leer un libro, estudiar, hacer deporte, cocinar, etc.).

Con objeto de realizar un control mensual de la evolución de la terapia sonora, se solicita al participante que rellene y envíe a los investigadores responsables del estudio los mismos cuestionarios que rellenó al principio. Resulta altamente llamativo que un 28% de los participantes abandonan el estudio antes de finalizar el tratamiento. Estrictamente hablando, no responde a alguno de los sucesivos controles de seguimiento. Aunque no tenemos constancia fehaciente de los motivos de este abandono, creemos que el ritmo de mejora proporcionada por la terapia EAE no satisface sus expectativas y abandonan el tratamiento para buscar otro.

Figura 23

Reducción promedio del THI de los participantes.

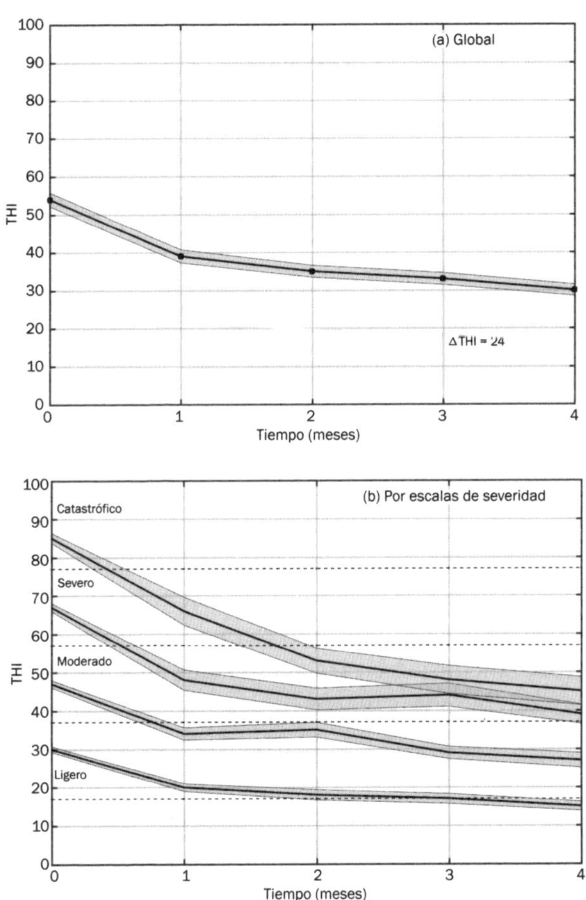

Fuente: Elaboración propia.

Sin embargo, el 90% de los participantes que acabaron el tratamiento presentaron una mejoría, que se vio reflejada en el descenso de la severidad de los acúfenos a través de las puntuaciones de los cuestionarios encargados de medirla. La figura 23a) muestra la reducción global promedio del THI de los participantes que completaron los cuatro meses de tratamiento. Como se puede ver, la reducción global del THI fue de 24 puntos. Según la literatura sobre acúfenos, bajadas superiores a 20 puntos son clínicamente relevantes (Jastreboff, 2015). Es decir, la mejoría de los síntomas del acúfeno se debe atribuir a la terapia: no se trata de un efecto placebo.

Como cabría esperar, la bajada del THI es proporcional al valor al inicio del tratamiento. Es decir, cuanto mayor es el THI inicial, más potencial de bajada hay en los cuatro meses de tratamiento. Esto se aprecia muy bien en la figura 23b) que muestra las curvas de caída del THI promedio para cada una de las escalas de severidad del acúfeno. Los participantes en el grupo de acúfeno catastrófico (valor inicial THI > 78) bajaron en promedio 40 puntos (dos escalas); los del grupo severo, 28,4 puntos (una escala); los de la escala moderada, 10 puntos (una escala) y los que partían con un acúfeno ligero bajaron 14 puntos (una escala).

Se puede aplicar un test para comprobar si el resultado de la terapia EAE es estadísticamente significativo. El test de análisis de la varianza (ANOVA), por ejemplo, permite calcular si los valores medios del THI antes y después del tratamiento EAE son estadísticamente distintos. La figura 24 muestra el diagrama de barras del resultado de dicho test, tanto para el grupo de participantes global como para los subgrupos correspondientes a cada una de las escalas de severidad del acúfeno. Como se puede ver, los valores promedio del THI antes y después del tratamiento son estadísticamente diferentes con un $p < 0,001$.

Figura 24

Diagrama de barras de los valores de THI antes (gris oscuro) y después (gris claro) del tratamiento EAE.

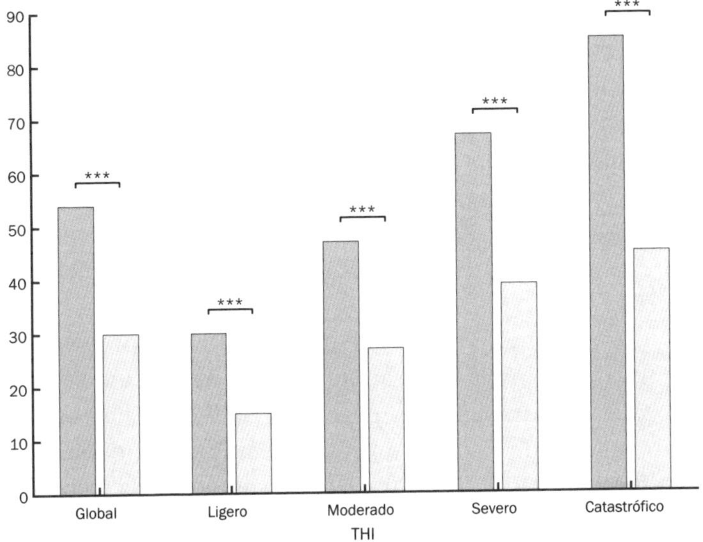

Fuente: Elaboración propia.

Es importante resaltar que cuando decimos que la bajada global promedio fue de 24 puntos, no hay que entender que todos bajan 24 puntos. De hecho, unos bajan menos y otros bajan más. La figura 25 muestra la función de densidad de probabilidad del descenso del THI de todos los participantes que completaron el tratamiento. Como se puede ver, la reducción global promedio del THI de dichos participantes sigue una distribución asimétrica tipo gamma, con una rama de ascenso rápido y otra de descenso más lento. Esto quiere decir que hay muchos más participantes con reducciones superiores que aquellos con reducciones menores al valor medio.

FIGURA 25

Función densidad de probabilidad de ΔTHI.

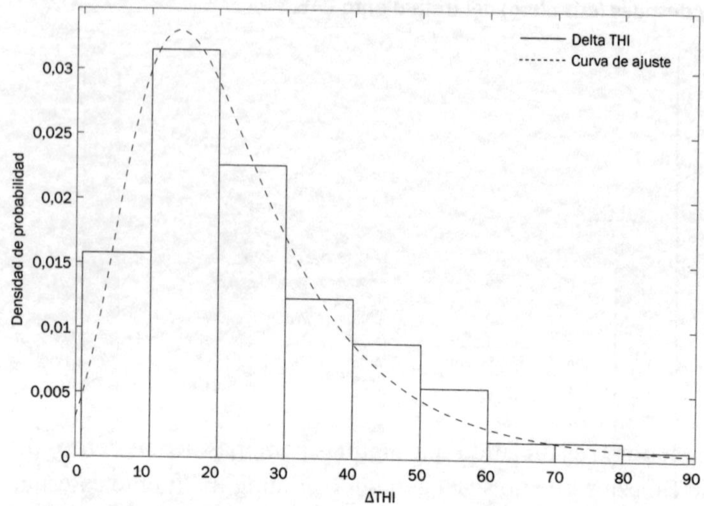

FUENTE: ELABORACIÓN PROPIA.

Epílogo

El acúfeno es un ruido que algunas personas tienen dentro de su cabeza y que no se ha generado en ninguna fuente externa. El acúfeno no duele ni, generalmente, tiene un nivel excesivamente alto. De hecho, el 90% de los pacientes percibe su acúfeno a un nivel sonoro (por encima de su umbral de audición) inferior a 10 dB. En el 70% de los pacientes, el acúfeno se enmascara con un ruido de banda ancha de 12 dB. En el 40%, el nivel de enmascaramiento es inferior a 6 dB.

Alrededor de un 18% de la población ha percibido alguna vez este tipo de ruido. En la mayoría de estos sujetos, el acúfeno remite de una manera natural en unas horas. En muchos otros, el acúfeno se hace crónico, pero no produce efectos significativos en su estado. En un porcentaje bajo de estos (en alrededor del 1% de la población), el acúfeno se descompensa, generando un sufrimiento emocional y produciendo un serio menoscabo de su bienestar.

El distrés asociado al acúfeno se produce por una realimentación entre los sistemas auditivo neural y límbico dentro del cerebro. Ambos sistemas están conectados en el cerebro medio. Esta conexión es la responsable de la emoción que nos produce el sonido. Una música de nuestro agrado nos producirá una sensación placentera, mientras que un ruido estridente nos generará una sensación de malestar. Cuando la señal del acúfeno (el ruido percibido) alcanza esta conexión, se produce una molestia, que, pasado un tiempo, puede exacerbarse dando lugar a estrés, ansiedad o depresión. Un factor que influye mucho en la intensificación de la conexión entre los sistemas auditivo y límbico es la personalidad del sujeto. Las personas ansiosas, obsesivas o rumiantes tienen mayor probabilidad de descompensar su acúfeno.

Estas son las tres características más importantes del acúfeno:

1. No existe ningún fármaco que lo cure.
2. Es multifactorial y heterogéneo.
3. No hay ninguna prueba objetiva para su diagnóstico.

El acúfeno se produce en la vía auditiva neural, subcortical o cortical, como un mecanismo de compensación plástica aberrante ante un déficit de funcionamiento en la parte periférica del sistema auditivo. Las neuronas del sistema auditivo reaccionan a ese mal funcionamiento en la parte periférica incrementando su actividad, su sincronía o su distribución tonotópica y esto genera el acúfeno. Teniendo en cuenta que hay miles de neuronas auditivas y millones de conexiones sinápticas, es realmente complicado determinar específicamente el sitio donde se origina el acúfeno. Esta es la razón principal por la que no existe ningún fármaco que lo cure, a pesar de los muchos intentos que ha habido (y todavía hay) para encontrarlo. Se han probado fármacos reguladores de la transmisión de los impulsos eléctricos a través de la red auditiva neural, como agonistas del GABA (neurotransmisor inhibitorio) y antagonistas del NMDA (neurotransmisor excitatorio). Sin embargo, a día de hoy no existe ningún medicamento para el acúfeno aprobado por ninguna agencia del medicamento.

Otro factor que complica mucho el hallazgo de un fármaco para el acúfeno es su heterogeneidad. El acúfeno puede sonar como un pitido, zumbido, silbido o timbre, a una frecuencia baja, media o alta, se puede percibir en el oído izquierdo, en el derecho o en ambos, se puede disparar por una pérdida auditiva, vértigo, dolor de cabeza crónico, problemas en el cuello o en la ATM, estrés traumático o por barotrauma. Puede cursar con hiperacusia, ansiedad/depresión o insomnio. Se puede afirmar que no hay dos acúfenos iguales, aun cuando las personas que lo desarrollen tengan, por ejemplo, la misma pérdida auditiva. Por esta razón, una de las líneas de investigación actuales es la búsqueda de un número mínimo de subtipos (o fenotipos) de acúfeno. Esto posibilitaría la puesta a punto de tratamientos personalizados para cada uno de estos subtipos.

Asimismo, la ausencia de una prueba diagnóstica objetiva dificulta todavía más el desarrollo de una cura para el acúfeno. La mayor parte de las pruebas que se aplican en el diagnóstico del acúfeno son subjetivas. La acufenometría, que determina esencialmente la frecuencia, el nivel de intensidad, el nivel de enmascaramiento o la inhibición residual del acúfeno, requiere del concurso de la persona que lo sufre. También se aplican evaluaciones psicométricas a través de escalas y cuestionarios. Como resultado, se obtiene una estimación del distrés asociado al acúfeno, pero no un diagnóstico del lugar exacto donde se produce o de las causas que favorecen su aparición. Es verdad que se están investigando técnicas electroencefalográficas (EEG) para tratar de determinar en qué parte del cerebro, y en qué cuantía, se ha producido el acúfeno. Ya que el acúfeno es esencialmente una alteración del sistema auditivo neural, deberían existir rasgos detectables en los mapas neurales proporcionados por la EEG. Estos cambios deberían ser notables entre personas con acúfeno o sin él, entre sujetos con acúfeno compensado/descompensado o entre los que responden o no a un tratamiento determinado.

Hay que recalcar que, aunque no existe una cura para el acúfeno, hay tratamientos muy eficaces para reducir el distrés al que se asocia. Se han revisado los fundamentos de tres de ellos: la terapia cognitiva conductual (CBT), la terapia de reentrenamiento del acúfeno (TRT), y el ambiente acústico enriquecido (EAE). La TRT y la EAE combinan el consejo terapéutico con la terapia sonora. La TRT es el tratamiento más utilizado en la práctica clínica. No es personalizado, ya que usa el mismo sonido de banda ancha para todos los pacientes, y tiene una efectividad del 80% (8 de cada 10 pacientes experimentan una reducción del distrés asociado a su acúfeno). La EAE, en cambio, es un tratamiento mucho más reciente, que actualmente está en fase de validación experimental. Su principal ventaja es que es personalizado (usa estímulos sonoros adaptados a su pérdida auditiva) y presenta resultados muy prometedores con una efectividad superior al 90%.

Para terminar, es muy importante entender que los pacientes con un acúfeno descompensado sufren un distrés intenso, que se acrecienta cuando acuden a especialistas que les dicen que "el acúfeno no tiene cura y que la única solución que existe es acostumbrarse". En muchos casos, se les prescribe un tratamiento que se sabe de antemano que no va a funcionar. Los pacientes empiezan entonces un recorrido por diferentes especialistas (otorrinos, audiólogos, psicólogos, psiquiatras, fisioterapeutas, etc.) sin encontrar ni la ansiada solución ni una explicación del origen de su problema. Es muy usual que en este recorrido se incremente su sufrimiento emocional.

Nuestro principal objetivo es que estas personas encuentren en este libro, al menos, la información clínica y científica más relevante de los acúfenos, que les permita entender su posible origen (etiología), los mecanismos que lo han generado (fisiopatología), su prevalencia (epidemiología) y las opciones disponibles para su tratamiento. Mientras se encuentra una cura para el acúfeno, los pacientes deben saber que existen tratamientos, algunos personalizados como nuestra terapia sonora EAE, que pueden ayudarlos a convivir con él, reduciendo el sufrimiento emocional que produce.

Siglas

AI	Corteza auditiva primaria
AII	Corteza auditiva secundaria
ANOVA	Análisis de la varianza
APD	Alteraciones del procesado auditivo
ATM	Articulación temporomandibular
CBT	Terapia cognitiva conductual
dB	Decibelios
dB SL	Nivel de sensación (unidad de la sonoridad)
EAE	Ambiente acústico enriquecido
EEG	Electroencefalografía
F20	Frecuencia del audiograma cuya HL es 20 dB
F50	Frecuencia del audiograma cuya HL es 50 dB
Fmax	Frecuencia del audiograma cuya HL es máxima
GABA	Ácido gamma-aminobutírico, el principal neurotransmisor inhibidor
GUI	Interfaz gráfica de usuario
HF	Alta frecuencia
HHL	Pérdida de audición oculta
HI	Audición dañada
HL	Pérdida de audición
HPA	Eje hipotalámico-pituitario-adrenal

HPG Eje hipotalámico-pituitario-tiroidal
IHC Células ciliadas internas
ITEFI Instituto de Tecnologías Físicas y de la Información
MML Nivel de enmascaramiento mínimo
NH Audición normal
NMDA N-metil-D-aspartato, receptor del glutamato
OHC Células ciliadas externas
OSHU Universidad de Ciencias y de la Salud de Oregón
RAM Memoria de acceso aleatorio del ordenador
RI Inhibición residual
SFR Tasa de disparos espontánea
SPL Nivel de presión sonora
STSS Escala de severidad del acúfeno subjetivo
TCSQ Cuestionario de estilo de manejo del acúfeno
TFI Índice de funcionalidad del acúfeno
TH/SS Escala de discapacidad/soporte del acúfeno
THI Inventario del hándicap (incapacidad) del acúfeno
THQ Cuestionario de discapacidad del acúfeno
TP Altura tonal del acúfeno
TQ Cuestionario del acúfeno
TRQ Cuestionario de reacción al acúfeno
TRT Terapia de reentrenamiento del acúfeno
TSS Escala de severidad del acúfeno
VAS Escala visual analógica

Bibliografía

CEDERROTH, C. R. *et al.* (2019): "Editorial: Towards an understanding of tinnitus heterogeneity", *Frontiers in Aging Neuroscience*, vol. 11, n.º 53.

CIMA, R. F. F. *et al.* (2019): "A multidisciplinary European guideline for tinnitus: diagnostics, assessment, and treatment", *HNO*, n.º 67, pp. S10-S42.

COBO, P. y CUESTA, M. (2018): *Qué sabemos del ruido*, Madrid, CSIC-Los Libros de la Catarata.

COBO, P.; CUESTA, M. y COLINA, C. de la (2021): "Customised enriched acoustic environment for sound therapy of tinnitus", *Acta Acustica*, vol. 5, n.º 34, pp. 1-10.

CUESTA, M. y COBO, P. (2018): "Relating tinnitus features and audiometric characteristics in a cohort of 34 tinnitus subjects", *Loquens*, vol. 5(2), e054.

— (2023): "A Heterogeneous Sample of a Spanish Tinnitus Cohort", *Brain Sciences*, vol. 13, n.º 652.

— (2024): "Enriched Acoustic Environment as a customized treatment for tinnitus: A non-controlled longitudinal study", *Journal of Otology* (en prensa).

DURRANT, J. D. y LOVRINIC, J. H. (1984): *Bases of the hearing science*, Baltimore, Willians & Wilkins.

EGGERMONT, J. J. (2012): *The neuroscience of tinnitus*, Londres, Oxford University Press.

FERNÁNDEZ, M. *et al.* (2022): "Comparison of Tinnitus Handicap Inventory and Tinnitus Functional Index as Treatment Outcomes", *Audiology Research*, vol. 13, pp. 23-31.

HENRY, J. A. *et al.* (2016): "Tinnitus Functional Index: Development, validation, outcomes research, and clinical application", *Hearing Research*, vol. 334, pp. 58-64.

HENRY, J. A. (2023): *The tinnitus book. Understanding tinnitus and how to find relief*, Oregon, Ears Gone Wrong.

HERRÁIZ, C. *et al.* (2001): "Evaluación de la incapacidad en los pacientes con acúfenos", *Acta Otorrinolaringológica Española*, vol. 52, pp. 534-538.

JASTREBOFF, P. J. (2015): "25 years of tinnitus retraining therapy", *HNO*, n.º 63, pp. 307-311.

KNIPPER, M. *et al.* (2013): "Advances in the neurobiology of hearing disorders: Recent developments regarding the basis of tinnitus and hyperacusis", *Progress in Neurobiology*, vol. 111, pp. 17-33.

LANGGUTH, B. *et al.* (2011): "History and questionnaries", en A. Moeller et al. (eds.), *Textbook of Tinnitus*, Nueva York, Springer Science+ Business Media.

LERMA, J. (2010): *Cómo se comunican las neuronas*, Madrid, CSIC-Los Libros de la Catarata.

LIBERMAN, M. C. (2017): "Noise-induced and age-related hearing loss: new perspectives and potential therapies", *F1000 Research*, vol. 6, n.º 927.

LÓPEZ GONZÁLEZ, M. A. (2010): "Factores epipatogénicos de acúfenos", en M. A. López González y F. Esteban Ortega (eds.), *Acúfeno como señal de malestar*, Sevilla, CC 2010.

MAZUREK, B. *et al.* (2012): "Stress and tinnitus: from bedside to bench and back", *Frontiers System Neuroscience*, vol. 6, n.º 29.

MCFERRAN, D. J. *et al.* (2018): "Why is There no Cure for Tinnitus?", *Frontiers in Neuroscience*, vol. 13, n.º 802.

NOREÑA, A. J. y CHERY-CROZE, S. (2007): "Enriched acoustic environment rescales auditory sensitivity", *NeuroReport*, vol. 18, pp. 1251-1255.

NOREÑA, A. J. y EGGERMONT, J. J. (2005): "Enriched acoustic environment alter noise trauma reduces hearing loss and prevents cortical map reorganization", *Journal of Neuroscience*, vol. 25, pp. 699-705.

PIARULLI, A. *et al.* (2023): "Tinnitus and distress: an electroencephalography classification study", *Brain Communications*, vol. 5, fcad018.

PIENKOWSKI, M. (2019): "Rationale and efficacy of sound therapies for tinnitus and hyperacusis", *Neuroscience*, vol. 407, pp. 120-134.

RIDDER, D. de *et al.* (2021): "Tinnitus and tinnitus disorder: Theoretical and operational definitions (an international multidisciplinary proposal)", *Progress in Brain Research*, vol. 260, pp. 1-25.

ROITMAN, D. (2018): "Investigación *online* sobre acúfenos e hiperacusia a través de nuestra página web", *Loquens*, vol. 5, n.º 2, p. e052.

SALVI, R.; LOBARINAS, E. y SUN, W. (2009): "Pharmacological treatments for tinnitus: New and Old", *Drugs Future*, vol. 34, pp. 381-340.

SCHAETTE, R. y KEMPTER, R. (2006): "Development of tinnitus-related neuronal hyperactivity through homeostatic plasticity after hearing loss: a computational model", *European Journal of Neuroscience*, vol. 23, pp. 3124-3138.

SEDLEY, W. *et al.* (2015): "Intracranial mapping of cortical tinnitus system using residual inhibition", *Current Biology*, vol. 25, pp. 1-7.

VIO, M. M. y HOLME, R. H. (2005): "Hearing loss and tinnitus: 250 million people and US$10 billion potential market", *Drug Discovery Today*, vol. 10, pp. 1263-1265.

Títulos de la colección ¿Qué sabemos de?

1. **El LHC y la frontera de la física.** Alberto Casas
2. **El Alzheimer.** Ana Martínez
3. **Las matemáticas del sistema solar.** Manuel de León, Juan Carlos Marrero y David Martín de Diego
4. **El jardín de las galaxias.** Mariano Moles Villamate
5. **Las plantas que comemos.** Pere Puigdomènech
6. **Cómo protegernos de los peligros de Internet.** Gonzalo Álvarez Marañón
7. **El calamar gigante.** Ángel Guerra Sierra y Ángel González González
8. **Las matemáticas y la física del caos.** Manuel de León y Miguel Ángel F. Sanjuan
9. **Los neandertales.** Antonio Rosas
10. **Titán.** María Luisa Lara
11. **La nanotecnología.** Pedro A. Serena Domingo
12. **Las migraciones de España a Iberoamérica desde la Independencia.** Consuelo Naranjo Orovio
13. **El lado oscuro del universo.** Alberto Casas
14. **Cómo se comunican las neuronas.** Juan Lerma
15. **Los números.** Javier Cilleruelo y Antonio Córdoba
16. **Agroecología y producción ecológica.** Antonio Bello, Concepción Jordá y Julio César Tello
17. **La presunta autoridad de los diccionarios.** Javier López Facal
18. **El dolor.** Pilar Goya Laza y María Isabel Martín Fontelles
19. **Los microbios que comemos.** Alfonso V. Carrascosa
20. **El vino.** María Victoria Moreno-Arribas
21. **Plasma: el cuarto estado de la materia.** Teresa de los Arcos e Isabel Tanarro
22. **Los hongos.** María Teresa Tellería

23. **Los volcanes.** Joan Martí Molist
24. **El cáncer y los cromosomas.** Karel H. M. van Wely
25. **El síndrome de Down.** Salvador Martínez Pérez
26. **La química verde.** José Manuel López Nieto
27. **Princesas, abejas y matemáticas.** David Martín de Diego
28. **Los avances de la química.** Bernardo Herradón García
29. **Exoplanetas.** Álvaro Giménez
30. **La sordera.** Isabel Varela Nieto y Luis Lassaletta Atienza
31. **Cometas y asteroides.** Pedro José Gutiérrez Buenestado
32. **Incendios forestales.** Juli G. Pausas
33. **Paladear con el cerebro.** Francisco Javier Cudeiro Mazaira
34. **Meteoritos.** Josep María Trigo Rodríguez
35. **Parasitismo.** Juan José Soler
36. **El bosón de Higgs.** Alberto Casas y Teresa Rodrigo
37. **Exploración planetaria.** Rafael Rodrigo
38. **La geometría del universo.** Manuel de León
39. **La metamorfosis de los insectos.** Xavier Bellés
40. **La vida al límite.** Carlos Pedrós-Alió
41. **El significado de innovar.** Elena Castro Martínez e Ignacio Fernández de Lucio
42. **Los números trascendentes.** Javier Fresán y Juanjo Rué
43. **Extraterrestres.** Javier Gómez-Elvira y Daniel Martín Mayorga
44. **La vida en el universo.** F. Javier Martín-Torres y Juan Francisco Buenestado
45. **La cultura escrita.** José Manuel Prieto
46. **Biomateriales.** María Vallet Regí
47. **La caza como recurso renovable y la conservación de la naturaleza.** Jorge Cassinello Roldán
48. **Rompiendo códigos.** Manuel de León y Ágata Timón
49. **Las moléculas: cuando la luz te ayuda a vibrar.** José Vicente García Ramos
50. **Las células madre.** Karel H. M. van Wely
51. **Los metales en la Antigüedad.** Ignacio Montero
52. **El caballito de mar.** Miquel Planas Oliver
53. **La locura.** Rafael Huertas
54. **Las proteínas de los alimentos.** Rosina López Fandiño
55. **Los neutrinos.** Sergio Pastor Carpi
56. **Cómo funcionan nuestras gafas.** Sergio Barbero Briones
57. **El grafeno.** Rosa Menéndez y Clara Blanco
58. **Los agujeros negros.** José Luis Fernández Barbón
59. **Terapia génica.** Blanca Laffon, Vanessa Valdiglesias y Eduardo Pásaro
60. **Las hormonas.** Ana Aranda
61. **La mirada de Medusa.** Francisco Pelayo
62. **Robots.** Elena García Armada
63. **El Parkinson.** Carmen Gil y Ana Martínez
64. **Mecánica cuántica.** Salvador Miret Artés
65. **Los primeros homininos.** Antonio Rosas
66. **Las matemáticas de los cristales.** Manuel de León y Ágata Timón
67. **Del electrón al chip.** Gloria Huertas Sánchez, Luisa Huertas Sánchez y José L. Huertas Díaz

68. **La enfermedad celíaca.** Yolanda Sanz Herranz y María del Carmen Cénit Laguna
69. **La criptografía.** Luis Hernández Encinas
70. **La demencia.** Jesús Ávila
71. **Las enzimas.** Francisco J. Plou
72. **Las proteínas dúctiles.** Inmaculada Yruela Guerrero
73. **Las encuestas de opinión.** Joan Font Fàbregas y Sara Pasadas del Amo
74. **La alquimia.** Joaquín Pérez Pariente
75. **La epigenética.** Carlos Romá Mateos
76. **El chocolate.** María Ángeles Martín Arribas
77. **La evolución del género 'Homo'.** Antonio Rosas
78. **Neuromatemáticas.** José María Almira y Moisés Aguilar
79. **La microbiota intestinal.** Carmen Peláez y Teresa Requena
80. **El olfato.** Laura López-Mascaraque y José Ramón Alonso
81. **Las algas que comemos.** Miguel Herrero y Elena Ibáñez
82. **Los riesgos de la nanotecnología.** Marta Bermejo Bermejo y Pedro A. Serena Domingo
83. **Los desiertos y la desertificación.** Jaime Martínez Valderrama
84. **Matemáticas y ajedrez.** Razvan Iagar
85. **Los alucinógenos.** José Antonio López Sáez
86. **Las malas hierbas.** César Fernández-Quintanilla y José Luis González Andújar
87. **Inteligencia artificial.** Ramón López de Mántaras y Pedro Meseguer
88. **Las matemáticas de la luz.** Manuel de León y Ágata Timón
89. **Cultivos transgénicos.** José Pío Beltrán
90. **El Antropoceno.** Valentí Rull
91. **La gravedad.** Carlos Barceló Serón
92. **Cómo se fabrica un medicamento.** María del Carmen Fernández Alonso y Nuria E. Campillo
93. **Los falsos mitos de la alimentación.** Miguel Herrero
94. **El ruido.** Pedro Cobo Parra y María Cuesta Ruiz
95. **La locomoción.** Adrià Casinos Pardo
96. **Antimateria.** Beatriz Gato Rivera
97. **Las geometrías y otras revoluciones.** Marina Logares
98. **Enanas marrones.** María Cruz Gálvez Ortiz
99. **Las tierras raras.** Ricardo Prego Reboredo
100. **El LHC y la frontera de la física.** Alberto Casas
101. **La tabla periódica de los elementos químicos.** José Elguero Bertolino, Pilar Goya Laza y Pascual Román Polo
102. **La aceleración del universo.** Pilar Ruiz Lapuente
103. **Blockchain.** David Arroyo Guardeño, Jesús Díaz Vico y Luis Hernández Encinas
104. **El albinismo.** Lluís Montoliu José
105. **Biología cuántica.** Salvador Miret Artés
106. **Islam e islamismo.** Cristina de la Puente
107. **El ADN.** Carmen Mora Gallardo y Karel H. M. van Wely
108. **Big data.** David Ríos Insua y David Gómez-Ullate Oteiza

109. **Verdades y mentiras de la física cuántica.** Carlos Sabín
110. **La quiralidad, el mundo al otro lado del espejo.** Luis Gómez-Hortigüela Sainz
111. **Las diatomeas y los bosques invisibles del océano.** Pedro Cermeño Aínsa
112. **Los bacteriófagos.** Lucía Fernández Llamas, Diana Gutiérrez Fernández, Ana Rodríguez González y Pilar García Suárez
113. **Nanomecánica.** Daniel Ramos Vega
114. **Cerebro y ejercicio.** José Luis Trejo y Coral Sanfeliu
115. **Enfermedades raras.** Francesc Palau
116. **La innovación y sus protagonistas.** Elena Castro Martínez e Ignacio Fernández de Lucio
117. **Marte y el enigma de la vida.** Juan Ángel Vaquerizo
118. **Las matemáticas de la pandemia.** Manuel de León y Antonio Gómez Corral
119. **Ciberseguridad.** David Arroyo Guardeño, Víctor Gayoso Martínez y Luis Hernández Encinas
120. **Pensar en español.** Reyes Mate
121. **La esclerosis múltiple.** Leyre Mestre y Carmen Guaza
122. **Por qué y cómo se hace la ciencia.** Pere Puigdomènech
123. **Nanotecnología para el desarrollo sostenible.** Pedro A. Serena Domingo
124. **Los coloides.** Rodrigo Moreno Botella
125. **De la micro a la nanoelectrónica.** José M. de la Rosa
126. **Las hormigas.** José Manuel Vidal Cordero
127. **Nuevos usos para viejos medicamentos.** Nuria E. Campillo, María Mercedes Jiménez Sarmiento y María del Carmen Fernández Alonso
128. **El Neolítico.** Juan F. Gibaja Bao, Millán Mozota Holgueras y Juan José Ibáñez
129. **Los superalimentos.** Jara Pérez Jiménez
130. **El vacío.** José Ángel Martín Gago
131. **Los robots y sus capacidades.** Elena García Armada
132. **Los alimentos ultraprocesados.** Javier Sánchez Perona
133. **Las vacunas.** María Mercedes Jiménez Sarmiento, Nuria E. Campillo y Matilde Cañelles
134. **Análisis de riesgos.** David Ríos Insua y Roi Naveiro Flores
135. **La salud planetaria.** Fernando Valladares, Xiomara Cantera y Adrián Escudero
136. **La contaminación lumínica.** Alicia Pelegrina López
137. **Origen y evolución de 'Homo sapiens'.** Antonio Rosas
138. **Física cuántica y relativista.** Carlos Sabín
139. **El plancton y las redes tróficas marinas.** Albert Calbet Fabregat
140. **El café.** María Dolores del Castillo y Amaia Iriondo
141. **La nanomedicina.** Fernando Herranz Rabanal
142. **Cómo se meten ocho millones de especies en un planeta.** Ignasi Bartomeus
143. **La vida y su búsqueda más allá de la Tierra.** Ester Lázaro Lázaro

144. **Inmunonutrición**. Ascensión Marcos Sánchez, Esther Nova Rebato, Sonia Gómez-Martínez y Ligia Esperanza Díaz Prieto
145. **Inteligencia artificial y medicina**. Miriam Cobo Cano y Lara Lloret Iglesias
146. **Cómo se comunican las neuronas**. Juan Lerma
147. **Megatsunamis.** Mercedes Ferrer Gijón
148. **Encuentros temporales entre astronomía y prehistoria.** Enrique Pérez Montero y Juan F. Gibaja Bao
149. **Cómo se comunican los animales.** Gonzalo M. Rodríguez Ruiz
150. **La ética de la inteligencia artificial.** Sara Degli-Esposti
151. **Nuestro sistema inmunitario.** Elena Campos Sánchez
152. **La ciencia y la cocina.** Marta Miguel Castro y Mario Sandoval Huertas
153. **Cementos y hormigones.** Francisca Puertas Maroto
154. **Al-Andalus.** Maribel Fierro
155. **El cerebro en movimiento.** José Luis Trejo y Coral Sanfeliu
156. **La vida al borde del abismo.** José T. López Gómez
157. **El VIH y el sida.** Sonia de Castro y María José Camarasa
158. **Incendios forestales.** Juli G. Pausas
159. **Arqueología subacuática y patrimonio marítimo.** Ana Crespo Solana
160. **Los bulos de la nutrición.** Miguel Herrero